▲ 생명의 소용돌이│1, 2, 3각자의 위치에서 함께 거대한 소용돌이를 만들고 있는 잭피쉬

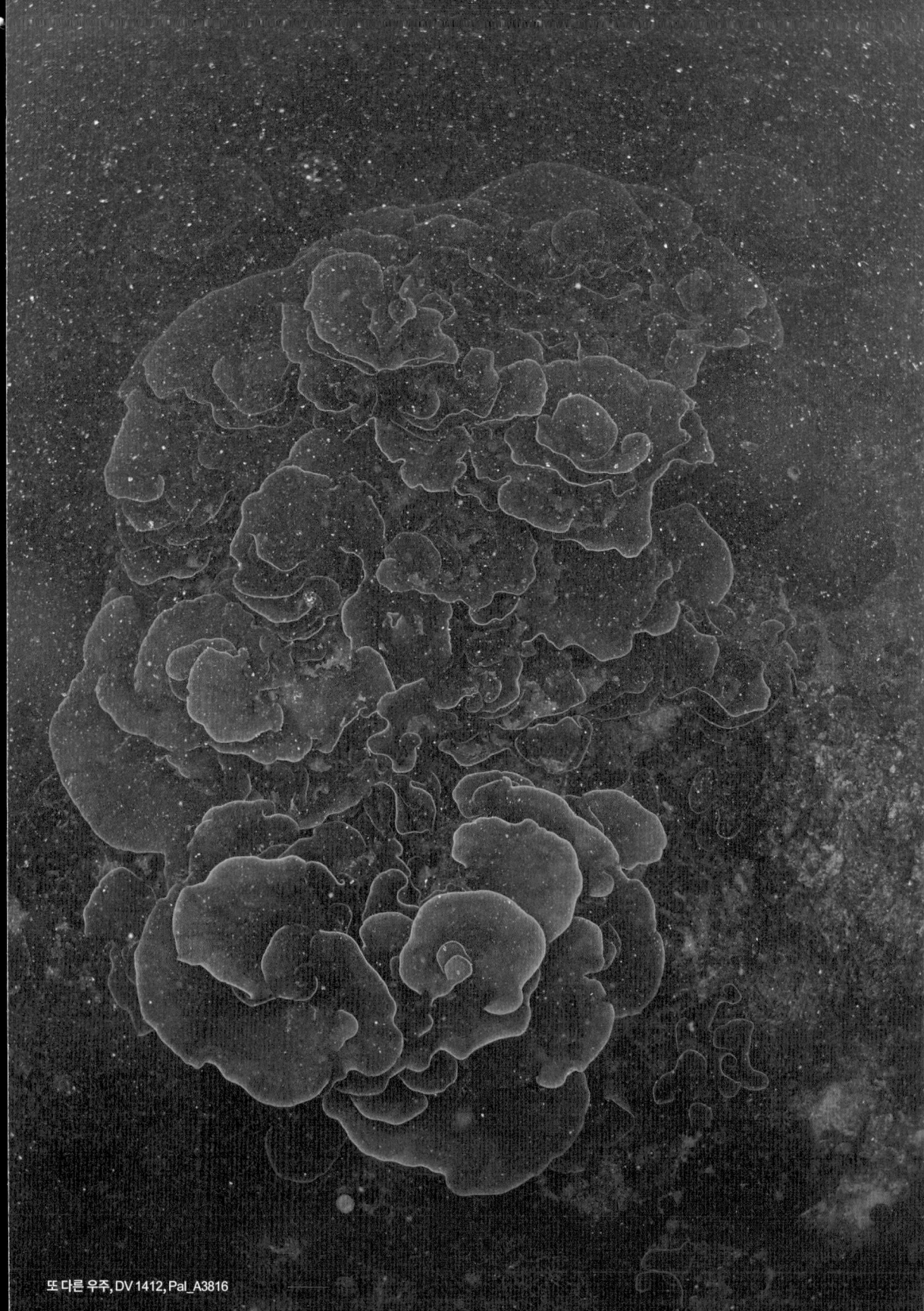

또 다른 우주, DV 1412, Pal_A3816

가까운 이별 멀어지는 사랑, DV 1412, Pal_A4104

알면 보이고
보이면 사랑하게 되고
보호해 주고 싶은
마음이 생기는가 봐.

▶ 앞쪽 다섯 사진은 <장재연 사진전 - 800번의 귀향>에서 전시된 작품입니다.

환경박사 장재연의 바다생물 이야기

사랑海 만타

장재연 글·사진

나녹
那碌

CONTENTS

바다와 사랑에 빠지다

스쿠버 다이빙을 시작하다 12

수중사진을 시작하다 17

바다생물, 책으로 쓰다 22

01

내가 만난 바다생물들

슬픔

해마, 이보다 더한 성평등이 가능할까? ··· 26
바다의 최고 인기스타, 만타 레이 ··· 30
바다생물 중에서 가장 큰 물고기, 고래상어 ··· 36
꼬리가 길어서 슬픈 환도상어 ··· 42
영화의 성공이 불행의 시작이 된 아네모네피시 ··· 48

신기

아름다운 유령, 고스트 파이프피시 ··· 54
격투기 챔피언, 맨티스 슈림프 ··· 60
작아서 더 경이로운, 헤어리 슈림프 ··· 64
걸어다니고 낚시하는 물고기, 프로그피시 ··· 68
다이버들이 제일 무서워하는 스콜피온피시 ··· 74
바다 세상은 우리 거야, 고비 ··· 78

친근

문어는 사람만큼 진화한 동물이다? ··· 84
우리는 납작하지 않아, 오징어 ··· 90
작은 영웅, 새우 ··· 94
니들이 게를 알아? ··· 98
게들의 왕? 알아 맞춰 봐 ··· 102
첨단과학이 머쓱한 능력의 소유자, 스파이니 랍스터 ··· 106

예쁨

최고의 리듬체조 선수, 리본 일 ··· 110
화려한 19금, 만다린피시 ··· 116
잊기 쉬운 연인, 버터플라이피시 ··· 120
어른보다 훨씬 우아하고 위엄 있는 어린 배트피시 ··· 126
멋쟁이 사진모델 누디브랜치 ··· 130

02

바다생물 만나러 가자

안전 장비를 잘 챙겨야 해 138

수중사진에 필요한 도구는 무엇인지 궁금해 147

두근두근, 다이빙 여행 152

03

바다 세계를 지키다

왜 바다를 지켜야 할까? ····· 168
어떻게 바다를 지킬 수 있을까? ····· 170
찾아보기 ····· 174

04

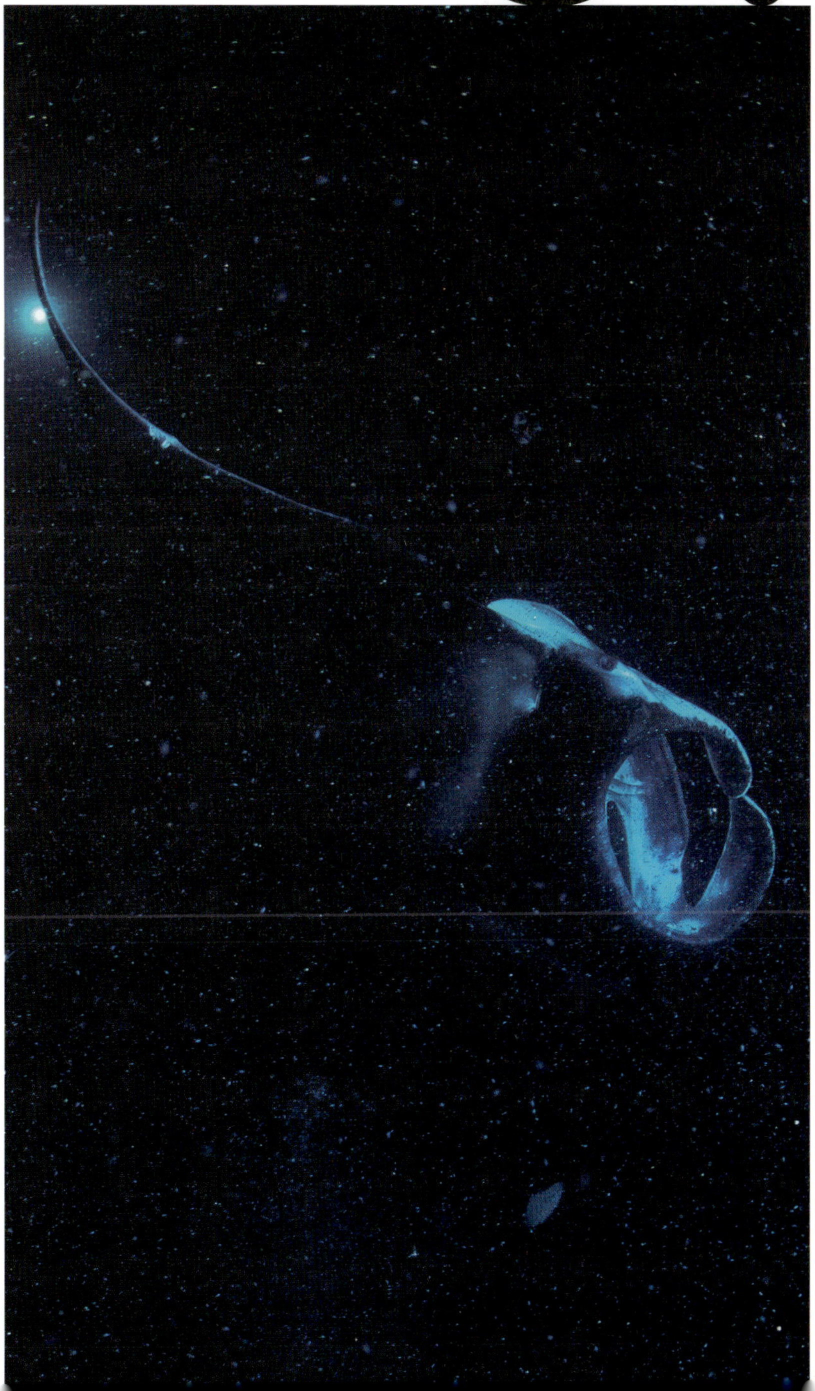

바다와 사랑에
빠지다

● 하마터면 내가 태어난 혹성의 실제 모습인 이 아름다운 풍경을 보지 못하고 생을 마감할 뻔했구나! 하는
, 생각에 몸이 떨렸어. 그리고 이 지구에 태어난 행운,
거기다가 늦게나마 바닷속을 알게 된 행운에 감사하는 마음이 저절로 생기지 뭐야.
바닷속 풍경이 얼마나 아름다웠으면 이런 생각을 했겠니!

스쿠버 다이빙을 시작하다

정말 행운이었지. 오십을 넘긴 나이에 새로운 세계에 발을 들여놓았으니까 말이야. 그렇지만 나에게 찾아온 멋진 기회였단다.

15년 전 태국으로 출장을 갔어. 업무를 마치고 나니 이틀의 여유가 생겼지. 이틀 동안 무엇을 해볼까, 생각하며 관광 안내 프로그램을 들춰보는데 내 눈에 확 들어오는 문구가 있었어. '자격증이 없어도 된다.'

<스쿠버 다이빙 체험 프로그램>이었어.

사실 나는 물을 엄청 무서워해. 오죽하면 바다 위에 떠서 바다생물을 구경하는 스노클링도 든든한 구명조끼를 입고도 무서워할 정도니까! 그런데도 이상하게 '자격증이 없어도 된다'는 문구에 꽂혀 그 프로그램을 신청했어. 지금도 그때 일을 생각하면 머리가 갸웃하곤 해. 다음 날, 배를 타고 다이빙 장소에 도착했어. 불친절한 가이드가 다짜고짜 장비를 착용시키더니 물속으로 들어가자며 끌고 들어가는 거야. 겁쟁이가 얼마나 놀랐겠니? 화들짝 놀라 배 위로 올라왔지. 세상에 스쿠버 다이빙 장비 사용법도 제대로 알려주지 않고 물속에 집어넣다니, '이런 엉터리 가이드가 어디 있어!' 속으로 툴툴거리며 돈과 시간만 버렸다며 아까워했어. 나와 짝이 되기로 한 브라질 청년도 나처럼 포기하지 뭐야. 그런데 또 다른 짝인 캐나다 소녀는 가이드를 따라 바닷속으로 내려가는 거야. 신기했어. 한참 후 소녀는 다이빙을 하고 올라왔어. 내가 조심스럽게 물었어.

"무섭지 않았나요?"

"전에 한 번 스쿠버 다이빙을 해 봐서 괜찮았어요. 재미있는데요."

한 번 해봐서 괜찮다는 말이 신기했어. 그러면서 호기심이 발동하는 거야.

'무서워하지만 않으면 할 수 있다는 말이지?'

다시 다이빙을 시도했어. 브라질 청년은 뱃멀미가 심해 시도를 해 보지도 않고 포기하고. 나는 호흡을 크게 하며 내 마음을 스스로 안심시켰어. 그러고 캐나다 소녀와 짝이 되어 물속으로 들어갔지.

'오잉! 물속에서도 숨을 쉴 수 있네!'

슬슬 안심이 되기 시작하는 거야. 점점 물속 깊이 내려갔어. 캐나다 소녀가 안심하라는 눈빛과 함께 내 손을 꼭 잡아주었어. 마음이 차분해지더라. 그러자 주변을 찬찬히 둘러볼 여유가 생겼어.

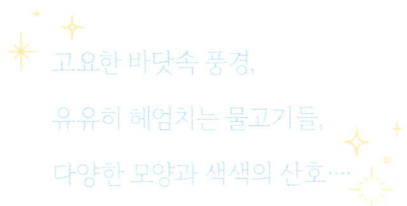

고요한 바닷속 풍경,

유유히 헤엄치는 물고기들,

다양한 모양과 색색의 산호……

바닷속 풍경과 생물이 두려움과 공포를 놀라움과 환희로 바꾸어 주었어. 땅으로 된 공이라는 뜻의 '지구'가 사실은 표면의 70%가 물로 덮여 있는 '수구'라는 말이 정말 실감되더라구. 하마터면 내가 태어난 혹성의 실제 모습인 이 아름다운 풍경을 보지 못하고 생을 마감할 뻔했구나! 하는 생각에 몸이 떨렸어. 그리고 이 지구에 태어난 행운, 거기다가 늦게나마 바닷속을 알게 된 행운에 감사하는 마음이 저절로 생기지 뭐야. 바닷속 풍경이 얼마나 아름다웠으면 이런 생각을 했겠니!

첫날 다이빙이 무사히 끝났어. 왠지 아쉬웠어.

▶ 다이빙 첫 경험(태국 푸켓, 2008)

다음날, 다시 체험 다이빙을 신청했어. 이번에 만난 가이드는 어제와 달리 아주 친절했어. 가이드가 배를 타고 가면서 여러 가지 다이빙 장비 사용법과 마스크 안으로 물이 들어왔을 때 빼는 방법 등 기초적인 대응책을 찬찬히 설명해 주었어. 귀에 쏙쏙 들어왔지. 다이빙 장비의 원리가 이해되니까 물속으로 들어가는 것이 무섭지 않았어. 그날 나는 아무 문제없이 바닷속 풍경을 마음껏 즐겼단다.

귀국하자마자 다이빙 교육을 하는 곳을 찾아 바로 교육받았어. 내가 생각해도 어디서 그런 열정이 솟았는지 아리송해. 그런데 우리나라 바다는 태국과 달랐어. 여름인데도 물이 차고 파도가 거칠었지. 파도가 높아도 물속으로 뛰어들어야 한다는 강사의 말에 용기를 냈어. '그래, 여기까지 왔는데, 해보자!' 날씨가 좋지 않아 심하게 고생했지만 그래도 교육 과정을 무사히 마치고 자격증을 받았단다.

가슴 속에서 다이빙에 대한 열정이 점점 부풀어 올랐어. 그전에는 나는 틈만 나면 등산을 했는데, 다이빙의 묘미를 맛본 후부터 내 발이 저절로 바다로 향하는 거야. 그렇게 1년이 지나고, 눈 깜짝할 사이 100회 다이빙을 돌파했어. 다이빙을 하면 할수록 더 다이빙이 하고 싶어지더라. 시쳇말로 나는 다이빙 열병을 앓게 됐어. 밤에 자리에 누우면 천장이 바다로 보이고, 눈을 감으면 다이빙 장면이 떠오르더군. 영화 <그랑블루>의 주인공이 생각났어.

문득 거칠고 추운 바다가 아닌, 처음 다이빙을 했던 태국처럼 따뜻한 열대 바다가 그리워졌어. 해외 다이빙 여행에 참여하기 시작했어. 인원이 차지 않았다며 여행이 취소되거나, 어떤 때는 정원을 초과하는 등 부실한 다이빙 여행을 몇 번 경험한 후, 내가 직접 여기저기 알아보았지. 혼자 해외 다이빙 여행을 다니기 시작했어.

다이빙을 시작하고 꽤 오랫동안 나에게 다이빙은 절대 쉽지 않았어. 100번, 200번 다이빙을 해도 불안감과 긴장감은 줄어들지 않았어. 10번, 20번 다이빙만 경험해도 익숙해져 즐기는 청년들과는 대조적이었지. 내가 나이가 들어서 시작해서 그래. 늦게라도 배움을 시도하는 것은 바람직하지만 역시 무엇이든 어려서 배워야 쉽게 익히고 즐길 수 있는 것은 부인할 수 없는 사실이야.

나는 다행히 어렵다고 포기하는 경우는 거의 없어. 다이빙도 더 높은 단계의 훈련을 경험하면 어려움을 극복할 수 있다는 생각이 들었어. 그래서 다이브마스터 과정을 이수하기로 했지. 이 과정을 거치면 다이빙 리조트에서 가이드를 비롯한 여러 직업을 가질 수 있어. 프로 세계로 가려면 이 과정을 꼭 거쳐야 하는 관문이야. 몇 주 동안 혹독한 훈련과 시험을 거쳐야 하는데도 상관하지 않고 도전했어.

매우 힘들었지만 다이브마스터 과정을 무사히 통과했어. 그때서야 비로소 바다에 익숙해졌어. 이제 육지에 있을 때보다 바다가 더 편해졌다니까. 나는 배를 타거나 오래 차를 타면 꼭 멀미를 했어. 그래서 학교 다닐 때 버스 타고 소풍 가는 것도 무서워하곤 했지. 그런데 호주의 그레이트 베리어 리프에서 리브어보드 다이빙을 하는데 파도가 심해 1주일 동안 평생 제일 심하게 뱃멀미로 고생했어. 그런데 거짓말처럼 그다음부터는 아무리 험한 파도에도 뱃멀미가 사라졌어. 평생 나를 괴롭히던 멀미에서 해방된 거야.

나는 무슨 일을 할 때 어려움을 느끼면 더 어려운 경험이나 훈련을 통해 처음 겪은 어려움을 별것이 아닌 것으로 만들어 버리곤 해. 나만의 노하우야. 그것이 다이빙에서도 통했어. 역시 어려움은 정면으로 부딪쳐 돌파해야 극복할 수 있다는 사실을 또 한 번 경험했어. 겁을 먹고 피하면 영원히 넘어설 수 없는 높은 산이 되고 말아. 그래서 포기하지 말아야 해. 알쏭달쏭하면 일단 해 보는 게 좋다는 게 내 신념이야.

몇 년 후, 강사 코스까지 마쳤어. 그러자 리조트 업계 종사자, 강사, 다이브마스터, 다이버 등 그들 각자의 입장과 생각에 공감할 수 있었고, 스쿠버다이빙에 대해 더 많이 이해할 수 있게 되었어.

나는 이미 대학교수라는 직업을 가지고 있어. 다이버 강사가 된 것이 다이버를 양성하는 직업이나 부업을 하려는 것은 아니었어.

다이빙을 시작하고 1년이 지난 초보 다이버였을 때 다이버 협회의 강의 요청을 받고 다이빙 강사 수십 명을 상대로 바다에 대한 환경교육을 한 적이 있어. 환경이야 내가 훨씬 많이 알지만, 그래도 다이빙 강사 상대로 교육을 하려면 강사 자격증을 취득해야 하지 않겠냐는 농반진반 말을 들었어. 다이버들이 환경운동을 하게 할 수 있겠다는 생각을 그때 했지.

▶ 다이브 강사 자격증 취득(태국 푸켓, 2013)

다이빙을 통해 바다의 소중함과 아름다움을 주위에 알리고 바다를 사랑하고 지키는 환경운동의 저변을 넓히는 데 기여하면 좋겠다는 생각이 들었어. 나는 평생 환경운동을 해 왔기 때문에 어쩌면 당연한 직업병 같은 생각인지도 모를 일이야. 아무튼 나는 먼저 바다생물을 친근하게 소개하는 일부터 해 보자는 결론을 내리고 실천하기로 했지.

수중사진을 시작하다

바닷속에서 바다생물을 만나면 감동하고 행복하지만, 시간이 지나면 잊어버려. 아름다운 곳을 여행하면서 감탄을 자아내지만, 그곳을 떠나고 세월이 지나면 그때의 감동과 그곳의 풍경을 잊어버리고 마는 것과 같아.

다이버들은 다이빙이 끝나면 기록을 해. 그런데 처음에는 다이빙하면서 만난 바다생물의 이름을 잘 모르잖아. 그럼 도감을 찾아보거나 바다생물을 잘 아는 사람에게 물어보려 해도 설명하기 어렵고. 다이빙이 끝나자마자 뭘 봤는지 깜빡 잊어버리기도 하고. 그래서 단순한 기능을 가진 작은 자동카메라로 수중사진을 찍기 시작했어. 사진이 있으면 바다생물 이름을 익히기도 쉽고 글쓰기도 좋아. 이런 식으로 바다생물을 하나하나 알아가기 시작했어.

다이빙은 그 자체로 매력적인 스포츠야. 바다생물이 주는 아름다움과 감동은 다이빙을 계속하게 하는 힘의 원천이고. 나는 원래 사진 촬영을 좋아해서 어느 정도 사진기를 다룰 줄 알았어. 그러나 물속이라는 특수한 환경에서 찍는 수중사진은 쉽지 않았어. 더구나 자동카메라로 남에게 보여줄 정도의 좋은 사진을 얻기는 어려웠어.

▲ 작은 자동 카메라 촬영 장면 (이집트 후루가다, 2009)

수중사진을 찍는 장비를 제대로 갖추려고 알아봤더니 돈이 많이 들었어. 장비를 산다 해도 너무 무겁고 커서 다이빙하는 데 부담이 될 것 같고. 몇 년을 주저하다, 큰맘 먹고 수중사진 장비를 제대로 갖추었지.

나는 이미 작은 자동카메라로 좋은 사진을 얻기 위해 몇 년 동안 수백 번 다이빙을 하면서 최선을 다해 노력했어. 이 세상에 공짜는 없다는 거 알지? 그동안 다이빙 실력과 수중사진 찍는 실력이 쌓인 모양이야. 장비를 바꾸어 찍은 수중사진은 사람들이 감탄할만큼 획기적으로 달라졌단다. 내 눈을 의심하며 내가 찍은 사진을 봤었지. 새삼 바다생물의 아름다움에 감동하고 보람을 느꼈어. 하늘을 날 것 같은 기분으로 지칠 줄 모르고 바다생물을 찍어 댔어.

바다에서 만난 수많은 생명체는 하나하나 모두 고귀한 존재야. 하나하나의 생물이 모두 아름다워. 다이빙은 나에게 주어진 엄청난 행운이고 축복이라는 생각이 들었어. 평생 '환경운동'을 했으면서, 겨우 생선 몇 종류밖에 모르면서 "바다를 지켜야 한다"는 구호를 외쳤던 내가 부끄러웠어. 수많은 바다생물이 멸종되거나 멸종 위기에 처한 사실을 확인하면서, '인간은 자신을 낳아 키워준 은혜를 모르고 몹쓸 짓을 하는구나!' 하는 반성과 '지구 생명의 고향인 바다가 더 이상 망가지기 전에 더 많은 관심을 가지고 책임을 다해야 한다.'는 의무감마저 들었지. 알면 보이고 보이면 사랑하게 되고 보호해 주고 싶은 마음이 생기는가봐.

우리나라는 삼면이 바다인데 어려서부터 아름다운 바다생물을 책에서조차 보지 못했잖아. 그래서 내가 찍은 수중사진이 궤도에 오르면서 다양한 바다생물의 존재와 그 모습을 어린이들에게 알리고 싶어서 본격적으로 행동에 옮기기 시작했어.

블로그에 바다생물을 소개하는 글을 올렸지. 몇 편 올리자마자 그 당시 인터넷 언론으로 급부상하던 허핑턴포스트에서 연재를 하자고 연락이 왔지 뭐야. 나는 더 많은 사람에게 바다생물을 알릴 기회가 왔다며 뛸 듯이 기뻐했어. 사람의 일은 알다가도 모를 일이 참으로 많아.

다이빙이 좋아서 시작한 바다생물 관찰이 수중사진으로 이어지고, 그 수중사진에 찍힌 바다생물을 설명하는 글을 쓰기 위해 자료를 읽고 공부하는 순환 과정이 시작되었어.

내가 인터넷에 올린 글이 자주 검색되었어. 언론사가 내가 문어 전문가인 줄 알고 인터뷰 요청이 오는 촌극이 벌어지기도 했어. 사람들이 나처럼 바다생물에 관심이 많다는 사실을 확인했지. 바다생물 전문가가 많지 않다는 사실도 함께.

나는 더 이상 스포츠를 위한 다이빙, 취미 생활을 하는 다이빙에 머물지 않게 되었어. 변화가 일어난 거야. '바다생물을 기록하기 위한 다이빙', '수중사진을 위한 다이빙'으로 바뀌었다니까!

다이빙 횟수가 800번을 넘어선 2022년, <800번의 귀향>이라는 제목으로 수중사진 개인 전시회를 열었어. 나는 그날의 감격을 영원히 잊지 못할 거야. 언론에서도 크게 보도해 주었어. 내 첫 개인전에서 수천만 원어치의 작품이 판매되는 기적이 일어났단다. 나는 그 돈을 모두 환경 분야 장학생과 시민 활동을 지원하는 '숲과나눔' 재단에 기부했지.

바다생물 촬영 모습, 장비가 크고 복잡하다

열림의 기적, DV 1512, Moa_A7545

바다생물, 책으로 쓰다

바다생물에 관한 이야기를 블로그와 언론 매체에 연재했다는 거는 말했지? 내가 쓴 글을 책으로 엮으면 좋겠다는 권유를 처음 이야기를 쓰기 시작할 때부터 받기는 했어. 그렇지만 평생 의과대학에서 환경의학과 환경보건학을 연구하고 강의하던 내가 취미 활동으로 즐기던 바다생물에 대한 이야기를 책으로 내다니……. 주제넘다는 생각에 주저했어.

사실 그동안 바다생물에 대한 글을 쓸 때마다 책으로 엮어 호기심 많은 어린이에게 읽히면 얼마나 유익할까, 하는 생각은 문득문득 했어. 해외는 어린이를 위한 바다생물 그림책이나 바다에 관한 책이 아주 흔해. 그래서 보통 사람들도 바다생물의 이름을 꽤 많이 알고 있지. 우리나라는 바다와 바다생물에 대한 관심이 크게 낮아. 요즘 조금 나아진 것 같지만, 10여 년 전만 해도 바다생물에 대해 접할 수 있는 책이 전무하다시피 했어. 아주 높은 수준을 가진 우리나라의 생태학자들조차 내가 찍은 바다생물 사진을 보고 깜짝 놀라며 "이게 뭐냐" 하고 물어볼 정도이니 무리는 아니야.

'삼면이 바다'인 나라에서 의외의 현상이라 아닐 수 없어. 하긴 어릴 때부터 바다생물을 본 경험이 매우 적고, 바다생물에 관한 정보나 교육을 접하지 못했기에 당연한 결과라 할 수 있지. 어린이에게 바다생물을 더 많이 소개할 기회를 만드는 일이야말로 미래세대의 환경을 위해 꼭 필요하다는 결론에 이르렀어. 그래서 내 경험과 사진으로 바다생물 이야기책을 내기로 용기를 냈어.

바다생물은 워낙 종류도 많고, 학술적 분류도 어려워. 해양생물도감은 보기 어렵고 딱딱해. 학자들이 설명하는 학명과 학술적 내용 등은 지루하기 이를 데 없어. 처음부터 흥미를 잃고 즐거워지기 힘들어. 이런 문제를 극복하는 첫걸음은 우선 눈으로 익히는 것이라고 생각해.

이 책에 들어 있는 수많은 사진은 멀리 힘들게 가지 않고도 바다생물을 자세히 살피고 만날 수 있게 해줄 거야. 보고 또 볼 수 있어 좋고. 그러면 가까워지고 친해지며 사랑하게 되겠지. 그리고 환경과 과학에 대한 호기심을 키워 나갔으면 해. 나도 어릴 때 읽었던『과학발명발견이야기』덕분에 평생 과학의 길을 걷게 되었어. 이 책을 읽고 환경과 과학에 대한 호기심과 사랑을 가지길 바래.

원고를 정리하며 가장 힘든 고민거리는 다름 아닌 바다생물들의 이름이었어. 바다생물을 부르는 우리나라 명칭은 다정다감한 느낌을 주지만 어원을 짐작하기 어렵고, 이름과 바다생물 모습이 연상되지 않아 자꾸 잊어버려. 공식 학명은 어렵고 외우기 힘든 것은 말할 것도 없지. 그동안 여러 국적을 가진 사람과 바다생물에 관한 대화를 나누는 경우가 많았어. 당연히 우리나라 명칭으로는 소통이 되지 않았지. 고민 끝에 세계 다이버들이 편하게 공통으로 부르는 이름을 발음대로 적어 표기하고, 우리나라 명칭을 함께 소개하려고 해. 나중에 관심이 많아져 공부를 하게 되면 그때 공식 학명을 익히면 좋을 것 같아. 그 점을 널리 이해해 주길 바래.

바다생물은 아직 우리에게 낯설어서 다가가기 쉽지 않아. 그렇지만 이 책을 시작으로 언젠가는 바다생물 이름도 '강아지, 고양이, 호랑이, 사자'처럼 친숙해지는 날이 올 것이라 기대해. 우여곡절 끝에 글을 마무리하고 나니 10년 넘는 세월 동안 800번의 다이빙을 보람있게 잘 마무리했다는 자긍심이 들어.

부디 많은 어린이가 이 책을 통해 바다생물을 친근한 존재로 느낄 수 있으면 좋겠어. 그래야 바다 환경이 보호되고 사랑받는 바다가 되지.

내가 만난 바다생물들

● 바다에서 만난 수많은 생명체는 하나하나 모두 고귀한 존재야.
, 하나하나의 생물이 모두 아름다워,
다이빙은 나에게 주어진 엄청난 행운이고 축복이라는 생각이 들었어.
평생 '환경운동'을 했으면서, 겨우 생선 몇 종류밖에 모르면서
"바다를 지켜야 한다"는 구호를 외쳤던 내가 부끄러웠어.

해마, 이보다 더한 성평등이 가능할까?

해마(Seahorse)는 '말'과 비슷하게 생긴 독특한 모습 때문에 호기심을 불러일으키지. 수컷이 임신하는 유일한 동물이라는 점도 특별해. 왜 해마는 수컷이 임신하게 되었을까, 궁금하지? 아직 정확한 이유는 밝혀지지 않았지만, 과학자들은 번식을 최대화하기 위한 암수의 공동 역할로 설명하고 있어. 아기 해마들은 쉽게 다른 생물들의 먹잇감이 되기 때문에 생존율이 매우 낮아. 그렇기 때문에 최대한 많은 새끼를 낳으려고 암컷과 수컷 모두 임신과 출산에 적극 참여한다는 거지.

수컷에게 임신과 출산 과정을 맡김으로써 암컷은 알을 만드는 일에만 에너지를 집중할 수 있어. 대신 임신 임무를 맡은 수컷 해마는 출산 당일에 다시 임신할 수 있을 정도래. 모든 생물은 암컷이 임신과 출산 역할을 전담하는데 해마는 이렇게 암수가 공정하게 역할을 나눠서 하고 있으니, 성평등의 '최고' 자리를 차지할 만해.

수컷 해마의 임신과 출산 활동이 궁금하지? **수컷은 배 아래쪽에 불룩한 알주머니**(p. 29)를 갖고 있어. 암컷이 여기에 알을 쏟아 넣으면 수컷이 정액을 뿜어 수정시킨 다음 2~4주간 알을 품고 있다가 출산을 해. 수컷 해마는 임신하면 아주 좁은 구역 안에 머물러 있어. 반면에, 암컷 해마는 이리저리 돌아다녀. 암컷은 매일 아침 수컷 해마를 찾아와서 잠깐 머물고 떠났다가 다음 날 아침, 다시 돌아온대. 재미있지? 먹을 것을 갖다 주는 것일까 아니면 그냥 안부 인사일까 궁금해.

2015년에 수컷 해마가 임신을 하면 나타나는 변화에 대한 연구 결과가 발표됐어. 이 연구는 수컷 해마가 수정란을 알집에 품고 보호하는 단순한 역할만 하는 것이 아니라는 사실을 확인했어. 배아의 골격 형성에 필요한 영양성분과 질병 예방을 위한 면역 물질을 제공하고, 산소 등 가스교환과 배설물 제거를 한다는 거야. 포유류의 임신기간 중에 자궁에서 진행되는 복잡한 기능과 동일하다는 거지. 사람과도 차이가 없을 거야. 어류, 파충류, 포유류 등 분류학적으로 크게 다른 동물들이 임신 과정에 관여하는 유전자 역할이나

해마(인도네시아 렘배, 2013)

생명 탄생의 과정은 놀라울 정도로 유사한 것이 다시 한 번 확인된 거래. 생명체의 기원이 같은 것이라는 이론이 더 힘을 얻게 되었지.

해마는 생김새는 비슷하지만 50종이 넘는, 각기 다른 종이 있어. 몸통 색깔이 주변에 따라 변화해서 단순히 색깔이나 외모만으로 구분하기는 어려워. 몸통의 가시 모습, 머리 위의 관, 머리와 주둥이 길이, 눈, 코, 턱 등에 있는 가시의 모양이나 숫자 등으로 종을 구분해.

해마는 모든 물고기가 갖고 있는 꼬리지느러미가 없는 대신에 물체를 감싸서 몸을 지탱할 수 있는 꼬리를 갖고 있어. 꼬리지느러미가 없다 보니 작은 가슴지느러미와 등지느러미를 움직이면서 똑바로 서서 헤엄을 친단다. 그러다 보니 헤엄을 빨리 칠 수 있겠니? 해마는 헤엄을 친다기보다 말처럼 톡톡 튀거나 슬슬 미끄러지듯이 움직인다고 해야 옳아. 해마는 수줍음이 많아 항상 어디론가 숨으려고 해. 그럴 때 해마 옆에 나무막대기 같은 것을 살짝 꽂아주면, 해마는 꼬리로 나무막대기를 감싸고(p. 29) 제자리에 가만히 머물고 있어. 다이버들이 바닷속에서 해마를 찬찬히 보고 싶을 때 사용하는 방법이야.

고대 시대부터 해마의 존재가 알려져 있었지만, 아주 최근에 확인된 해마도 있어. 옆 사진을 봐. 예쁘지? 1969년, 뉴칼레도니아의 학자가 수족관에서 부채산호에 사는 아주 작은 생물을 발견했어. 생김새는 해마와 똑같은데 크기는 매우 작아서 피그미 해마(p. 29)로 불리게 되었단다. 해마는 종마다 크기가 다르지만, 대부분은 10cm 전후야. 그런데 피그미 해마는 1-2cm에 불과하고, 더구나 주변과 같은 모습과 보호색을 갖고 있어서 발견하기 무척 어려워.

해마가 정력에 좋다는 엉터리 소문이 났어. 그래서 식용이나 한약 원료로 남획되는 양이 연간 1억 5천만 마리에 달한다는 거야. 그런데 과학자들이 해마를 분석해 본 결과, 다른 식품에 없는 특별한 유용성분은 찾을 수 없었대. 잘못된 정보가 사람들을 '죄 없는 생물들을 멸종위기로 몰아넣는' 악행을 저지르게 만드는 거지. 우리가 늘 먹지 않는 희귀한 음식을, 몸에 좋다면서 유난히 밝히는 사람들이 있어. 정말 야만적이고 나쁜 습관인 것 같아.

▶ 해마의 알주머니(인도네시아 렘배, 2014)

▶ 나무를 꼬리로 감싸고 제자리에 머무는 가시 해마(인도네시아 렘배, 2014)

▶ 폰토히(Pontohi) 피그미 해마(인도네시아 렘베, 2017)

▶ 피그미 해마(인도네시아 렘베, 2017)

바다의 최고 인기스타, 만타 레이

다이버들에게 가장 만나고 싶은 바다생물이 무엇인지 묻는다면 아마 만타 레이(Manta ray)가 1등을 차지하지 않을까 싶어. 만타 레이에 대한 다이버들의 사랑은 뜨거워. 다이버들은 만타 레이를 줄여서 만타라고 부르기도 하는데, 우리말로는 쥐가오리나 만타가오리라고 한단다. '만타'라는 말은 스페인어와 포르투갈어로 '망토', '담요'라는 뜻이야. 그러고 보니 만타의 등은 검은색, 배는 흰색이라 마치 망토를 걸친 모습(p. 31)같네. 배에 점무늬가 있는데 개체마다 모두 다르기 때문에 일종의 지문처럼 개체를 식별하는 수단으로 활용되지. 내가 찍은 만타 사진을 SNS에 올렸더니 그 만타 이름은 뭐라고 하는 댓글이 달린 적이 있단다.

평균 크기는 4~5미터. 큰 것은 7미터가 넘어. 체구가 크면 보통 움직임이 직선적이기 마련인데, 만타는 동작이 아주 섬세하고 우아한 곡선을 그리기 때문에 고귀해 보이기까지 한단다. 여왕이 춤을 추면 저런 자태가 아닐까, 할 정도야. 만타는 멀리 지나가면서 희미한 모습만을 잠깐 보여줘서 다이버들의 애를 태우게 만드는 경우가 많아. 그런데 특별한 장소에서는 다이버들 주변을 천천히 돌아준단다. 이런 때 다이버들은 감동과 환희의 시간을 만끽하지. 그런데 말이야. 그렇게 '사랑하는 연인'처럼 바로 옆에서 우아하게 춤을 추다가도(p. 33) '변심한 연인'처럼 순식간에 사라진단다. 아무래도 만타는 스타 기질이 있는 것 같아. 만타는 어류 중에서 전체 몸 대비 뇌의 용적 비율이 가장 크기 때문에 지능이 높아. 바다의 똑똑한 인기스타가 만타인 거야.

만타가 자주 출몰하는 곳은 유명한 다이빙 사이트가 돼. 만타들은 피부 표면에 있는 기생충을 청소하기 위해 주기적으로 나타나는 클리닝 스테이션(cleaning station)이란 곳이 있어. 만타가 자주 나타난다는 소문이 나면 많은 나라에서 다이버들이 몰려와. 인도네시아의 발리와 코모도, 몰디브, 팔라우, 하와이, 얍, 멕시코 등이 대표적인 곳이야.

만타는 입을 크게 벌려(p. 33) 필터 작용을 하는 아가미 갈퀴를 이용해서 플랑크톤을 먹이로 섭취한단다. 만타의 먹이활동 모습은 쉽게 볼 수 있는 장면

만타 레이(팔라우, 2014)

이 아닌데 나는 한 번 본 적이 있어. 마치 UFO처럼 자유자재로 비행하면서 동에 번쩍 서에 번쩍 하는데, 그 모습이 평생 잊기 어려운 장관이야. 만타를 밤에 만나는 것도 아주 특별해. 하와이나 몰디브에 가면 밤에 그들을 만날 수 있는 곳이 있어. 다이버들이 동시에 랜턴을 위쪽으로 비추면 강한 불빛에 플랑크톤이 모이고, 그러면 만타들도 모여들어. 만타들이 벌이는 화려한 나이트 쇼! 정말 볼만해.

만타의 수명은 30년 정도로 알려져 있어. 암컷 만타는 8~10살이 되어야 임신이 가능해. 평균 2년에 한 마리의 새끼를 낳으니까, 사람과 비슷해. 만타는 식용으로는 그다지 좋지 않아서 그전에는 어부들이 많이 잡지 않았어. 그런데 20여 년 전부터 개체수가 줄어들기 시작했어. 만타의 아가미 갈퀴가 중국에서 한약원료로 비싸게 팔리면서 개체수가 급감한 거야. 스리랑카, 인도, 인도네시아, 동아프리카 등지에서 대량으로 남획했어. 이에 따라 세계자연보호연맹(IUCN)은 멸종위기 가능성이 높은 취약종으로, 야생 동식물의 국제 거래에 관한 협약(CITES)은 규제 대상으로 지정했어.

중국 시장을 조사한 결과로 추정해 보니 연간 4, 5천 마리의 만타가 남획되고 있어. 그런데 황당한 것은 만타의 총유통시장의 규모는 5백만 불 정도인데, 만타로 인한 관광 수입은 연간 7천5백만 불로 평가되거든. 1년으로도 15배 차이인데 관광 수입은 어획 수입과 달리 해마다 계속 확보되기 때문에 수익성이 비교되지 않게 높은 거지. 만타를 생태관광에 활용하는 것이 훨씬 이익이라고 깨달은 지역들에서 만타 어업을 금지하고 있어서 그나마 얼마나 다행인지 몰라.

만타는 연골어류로서 분류학적으로 상어와 가장 비슷한 바다생물이야. 멸종위기에 처한 대형 어류라는 점도 같아. 그리고 만타의 '아가미 갈퀴'와 상어의 '지느러미'처럼 특정 부위에 대한 인간의 희한한 욕심 때문에 멸종위기에 처해 있는 상황도 비슷하고. 그럼, 이제 상어로 넘어가 볼까?

▶ 우아한 만타의 춤 (몰디브, 2014)

▶ 입을 크게 벌린 만타 (몰디브, 2019)

▶ 미지의 세계로 비행하는 귀여운 표정의 만타 레이(몰디브, 2014)

▶ 비행기 편대 같은 만타 레이(하와이, 2015)

▶ 작은 물고기 떼를 놀라게 하는 만타 레이 (팔라우, 2014)

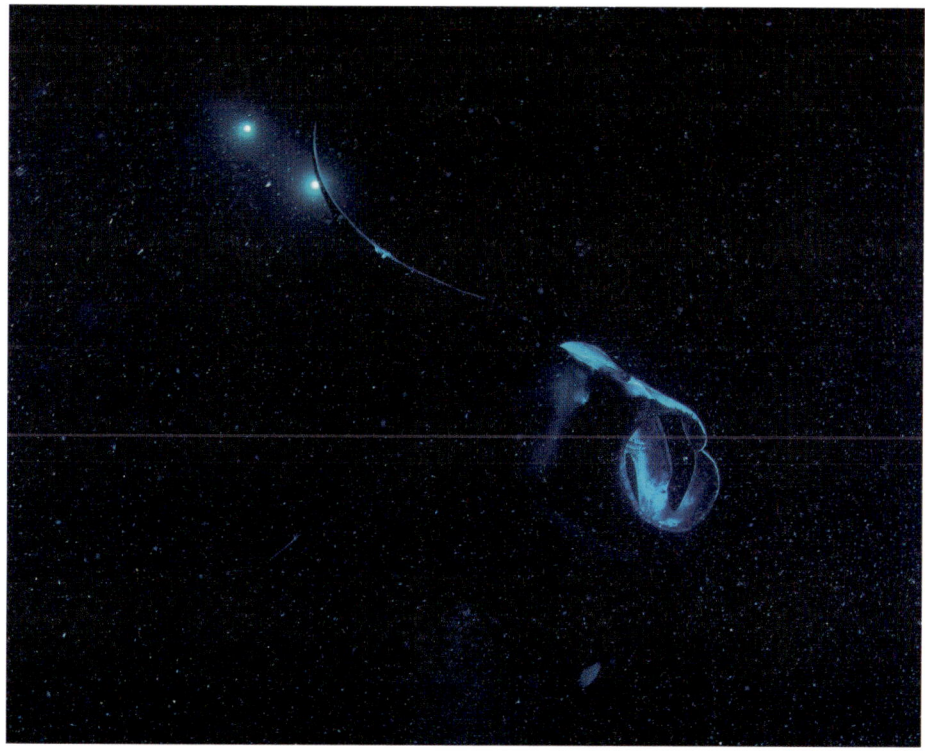
▶ 우주를 항해하는 우주선 같은 모습의 만타 레이 (팔라우, 2014)

바다생물 중에서 가장 큰 물고기, 고래상어

바다생물 중에서 체구가 가장 큰 물고기는 무엇이냐고 물으면 "고래!"라고 답하는 사람이 많아. 그래, 고래가 가장 큰 바다생물인 건 맞지. 그런데 고래는 포유류이지 물고기(어류)는 아니야. 그래서 '가장 큰 물고기'의 정답은 고래상어(Wales Shark)야. 큰 고래상어는 12미터, 무게는 20톤 이상에 달하는데다, 이름 그대로 생김새가 고래와 매우 흡사하지만 상어(p. 41)야. 상어는 당연히 물고기지.

한 번은 다이빙 끝나고 숙소로 돌아오는 배 위에서 우연히 고래상어를 만났어. 이건 다이버에게는 말로 표현하기 어려운 엄청난 행운이야. 나는 무조건 카메라만 들고 바다로 뛰어들었어. 더 큰 행운은 그 큰 고래상어가 나로부터 멀어지는 것이 아니라 정면으로 헤엄쳐 오는 거야. 감격하면서 일단 셔터부터 눌렀어. 목적은 달성했지. 그다음이 문제였어. 나에게 돌진해 오는 거대한 고래상어와 충돌할 수밖에 없는 상황이었어. 얼마나 놀랐을지 상상이 가지 않니? 고래상어 몸통 표면이 샌드페이퍼처럼 거칠다는 사실은 들어서 알고 있었기 때문에, 좋은 사진을 찍은 행운의 대가로 대신 몸에는 상처가 제법 나겠구나 싶었어. 다이빙 끝나고 슈트도 벗고 배 위에서 쉬고 있다가 급히 물속으로 뛰어들어서 수영복만 입은 맨몸이었거든.

그런데 말이야. 고래상어의 그 긴 몸통과 지느러미 그리고 꼬리가 차례차례 내 바로 몸을 불과 수십 센티미터 차이로 아슬아슬하게 스쳐 지나가는 거야. 내 몸에는 전혀 닿지 않고 말이야. 녀석도 나하고 부딪치기 싫었나봐. 등에 눈이 달린 것도 아닌데 이렇게 큰 덩치가 어쩌면 이렇게 정밀하게 움직이는지 놀랐어. 그 덕분에 나는 아무 상처가 나지 않았을 뿐만 아니라, 10m가 넘는 고래상어의 전신을 마치 스캔하듯이 머리부터 꼬리 끝까지 생생하게 볼 수 있었단다. 어쩌다 한번 보기도 힘든 고래상어를 이렇게 가까이서 볼 수 있었다니! 정말 큰 행운이었어. 그때 고래상어를 정면에서 찍을 수 있었어(p. 39). 나는 사진을 볼 때마다 생각해. 저 거대한 몸집을 이렇게 납작하게 만들 수 있다니! 신기할 따름이야.

고래상어(팔라완 오슬롭, 2015)

고래상어의 주 먹이는 플랑크톤이야. 입을 크게 벌려 물을 빨아들이면 주위의 플랑크톤이 입속으로 빨려 들어가. 그리고 필터를 통해 받아들였던 물을 내보내면서 플랑크톤만 먹는 거지. 내가 고래상어가 먹이 활동을 할 때 유심히 관찰하면서 사진을 찍은 적이 있어. 하얀 배를 크게 부풀리면서 엄청난 양의 물을 빨아들여. 근데 신기하게도 고래상어의 입 주변에 있던 물고기는 전혀 빨려 들어가지 않더라. 기가 막히게 흡입력을 조절하는 거야. 마치 먹을 것만 먹고, 애꿎은 다른 물고기들에게 피해를 주지 않으려는 것 같더라니까. 눈은 덩치와 어울리지 않게 아주 작고 귀엽고. 꼭 나를 보고 웃는 것 같고, 참 착해 보였어. 실제로 고래상어는 덩치는 엄청나게 크지만, 성격이 매우 온순하고 사람에게 어떤 피해도 주지 않아.

고래상어는 워낙 보기가 힘들기 때문에 고래상어가 자주 출몰하는 지역으로 알려지면 세계 각국에서 다이버들이 몰려들어. 고래상어가 발견되면 근처 배에 있던 사람들이 일제히 바다로 뛰어들어서 스노클링하면서 구경해. 고래상어는 먹이 활동을 하기 위해 물 표면으로 올라오기 때문에, 그래도 잘 볼 수 있거든. 한 번은 몰디브에서였는데, 고래상어가 나타났을 때 마침 나는 운 좋게도 다이빙 중이었어. 고래상어와 그를 구경하는 사람들과 함께 어울린 모습이 참 멋지다(p. 41)는 생각으로 사진을 찍었어. 내가 참 좋아하는 사진 중의 하나야.

필리핀 세부에 오슬롭이란 마을이 있어. 다이버이기도 한 지인이 다이브센터를 하고 있어 거의 아무것도 없던 시절부터 가끔 다이빙을 가던 곳이야. 이 지인이 주민 어부들에게 우연히 찾아온 고래상어를 해치지 말고 먹이를 주라고 권했어. 그랬더니 고래상어가 점점 자주 오는 거야. 그러다가 나중에는 매일 그것도 여러 마리가 출근하듯 나타나기 시작했어. 이제는 음식점, 리조트, 다이브센터 등 관광시설로 가득 차고 세계적인 유명 관광지가 됐지. 고래상어들이 사람을 끌어모아 관광지를 만든 거지.

사실 과거의 필리핀은 어땠는지 아니? 세계에서 고래상어를 가장 많이 남획하는 국가였어. 고래상어를 잡아 그 고기를 수출했다니까. 고래상어 수가 줄어드는 원인을 제공한 나라였던 거야. 그러다가 1988년부터 고래상어

▶ 고래상어 정면(필리핀 오슬롭, 2013)

▶ 덩치에 어울리지 않게 작고 귀여운 고래상어의 눈(필리핀 오슬롭, 2014)

를 포획, 거래, 수출입 등을 법으로 금지했어. 이제는 고래상어를 손으로 만지는 것은 물론 가까이 가지도 못하게 하고, 심지어 사진을 찍을 때 조명도 쓰지 못하게 할 정도로 고래상어를 철저히 보호하고 있어. 고래상어를 잡아 그 고기로 돈을 버는 것보다 보호하면서 함께 살아가는 것이 자신들에게 얼마나 이익이 되는지를 깨닫고 행동이 바뀐 거지. 고래상어에게도 좋은 일 아니겠어?

우리나라 연안도 고래상어가 자주 지나가는 길목인 것 같아. 가끔 동해에서 고래상어가 어망에 걸려 죽은 채로 발견되기 때문이야. 참으로 안타까운 일이야. 고래상어처럼 가치가 높고 희귀한 어종을 무참히 죽도록 방치하면 안 되는데. 왜 그물에 자꾸 걸리는지 알아내서, 그러지 않게 그물 치는 장소나 방법을 바꿔야 해. 언론도 그런 대안에는 관심 없고 '바다의 로또'라는 등 엉뚱한 방향으로 기사를 쓰고 참 답답해.

고래상어의 수명은 사람과 비슷한 70년 이상으로 알려져 있어. 암컷이 임신하려면 적어도 30년 정도는 자라야 해. 다시 말하면 번식이 매우 어려운 거지. 그래서 개체 수가 급감하면 다시 회복되는 데 오래 걸려. 고래상어는 그동안의 무분별한 남획으로 멸종위기종으로 분류돼 있단다.

▶ 고래상어와 사람이 함께 춤을 추는듯하다 (몰디브, 2014)

▶ 고래를 꼭 닮은 고래상어 (필리핀 오슬롭, 2015)

꼬리가 길어서 슬픈 환도상어

바다의 최상위 포식자를 꼽으라면 당연히 상어가 첫손가락에 꼽히지. 종류가 5백여 종이나 되다 보니, 크기나 모습이 각양각색이야. 다이버들은 상어를 발견하면 손을 이마에 대면서 상어지느러미 흉내를 내면서 상어가 나타났다고 즐거워해. 머리가 납작해서 아주 큰 귀를 가진 것처럼 보이거나 턱수염이 난 것 같은 특징적인 모습이 있는 상어(p. 45)는 인기가 더 좋지.

누가 "가장 멋진 상어가 무엇이죠"라고 물으면, 나는 머뭇거리지 않고 대답해. "환도상어!" 환도상어는 꼬리가 유난히 길어서 몸 전체 길이의 절반이 넘어. 몸통 길이도 작은 종은 3m, 큰 종은 6m나 돼. 사람과 비교하면 키가 크고 다리도 긴 셈이야. 쭉 빠진 몸매와 움직임이 환상적이어서 나는 첫눈에 반했단다.

긴 꼬리가 환도(還刀, 둥근 칼) 같다고 해서 환도상어라고 불러. 옆쪽 사진을 봐. 꼬리가 멋지지! 서양에서는 곡식의 낟알을 털어낼 때 쓰는 타작기(thresher) 같다며 쓰레셔 샤크(Thresher Shark)라고 불러. 다른 상어들과 달리 눈망울이 검고 큼지막해서 천진난만한 인상이야. 피부는 비단결처럼 곱고. 아마 바다 왕국에서 황태자를 정한다면 나는 환도상어가 딱 제격이라고 생각해.

환도상어의 꼬리는 단순히 멋으로만 있는 것이 아니라, 꼬리를 휘둘러서 먹잇감을 일차로 타격하는 데 사용한단다. 저 꼬리로 맞으면 아무리 강한 바다생물이라도 휘청거리고 말 거야. 환도상어는 물표면 밖으로 튀어 오르기도 한다는데, 긴 꼬리의 강력한 추진력 때문에 가능한 것이 아닐까 싶어. 사진을 봐. 꼬리에서 강력한 힘이 느껴지잖아.

환도상어는 꼬리 때문에 멋지게 보이고 유명해지기도 했지만, 수난을 겪는 요인이기도 해. 좋은 일이 있으면 동시에 나쁜 일이 생기는 이치와 같아. 상어 중에 환도상어의 육질의 맛이 가장 뛰어난 점도 있지만, 샥스핀의 재료가 되는 지느러미가 길다 보니 어부들의 최고 어획 목표물이 되었어. 1980년대에 남획되기 시작하면서 인도양, 대서양의 경우 개체수가 90% 이상 감소하였고, 그 결과 세계자연보호연맹(IUCN)의 멸종위기종 목록에 오르게 되었

환도상어(블리번 엘파마스투아, 2015)

어. 매년 1백만 마리씩 죽임을 당했다니, 거의 종족 말살 같은 남획이 아닐 수 없어. 사슴을 보고 "모가지가 길어서 슬픈 짐승이여"라고 노래한 시인이 있었는데, 환도상어는 '꼬리가 길어서 슬픈 바다생물'이라고 할 수 있어.

샥스핀이 인간에게 꼭 필요한 식량도 아니고, 일반 서민들은 평생 구경 한번 못하기도 하는 음식이잖아. 더구나 상어 어업은 너무 잔인해서 비난이 심해. 지느러미만 자르고 산 채로 몸통은 바다에 던져버리거든. 비싼 지느러미만 배에 가득 채우려고 말이야. 그래서 바다로 버려진 상어는 헤엄도 치지 못하고 오랜 시간 고통을 받다 죽거든. 단지 일부 돈 많은 미식가들의 입맛을 위해서 상어들이 이렇게 잔인하게 살육당하고 있는 거야. 듣기 좋은 이름으로 미식가라고 부르지만 가장 탐욕스럽고 잔인한 인간이 그들일지도 몰라. 미식가의 입맛을 위해 수많은 생물이 멸종위기에 빠지는 것을 방치하는 일이 과연 옳은지, 지구인이 심각하게 고민해야 한다고 생각해.

멸종위기에 처한 야생 동식물종에 대한 국제 거래에 관한 국제협약이 이미 만들어졌어. 우리나라도 '야생 동식물 보호법'이 있고. 그렇지만 제대로 지켜지지 않고 밀수도 상당하다고 해. 나는 샥스핀의 수입과 보호종 상어의 어획을 아예 중단시켜야 마땅하다고 생각해. 외국에서는 이미 오래전부터 샥스핀 추방운동을 했어. 우리나라에서도 샥스핀 추방운동을 했었어. 그런데 일부 호텔 식당은 동참했지만, 상당수의 국내 최대 재벌들이 운영하는 고급 호텔이나 중식당에서는 아직도 샥스핀 요리를 만들어 팔고 있단다. 얼마를 더 벌겠다고 그러는지 이해가 되지 않아. 심지어 국내에서 샥스핀이 비싸다고 동남아 국가로 먹으러 가는 몰상식한 사람들까지 있어. 잘 몰라서 하는 행동이겠지만 외국까지 가서 국제적 망신을 시키는 거고, 상어의 불법 어획을 부추기는 행동이야. 얼마나 창피하고 야만적인 행위인 줄도 모르고 말야.

샥스핀의 종주국 중국에서도 정부 공식 연회에서 샥스핀을 금지시켰을 정도로 여론이 나빠. 그 덕분에 중국 내 샥스핀 거래가 절반 이하로 급감했대. 미국 대통령은 샥스핀 판매하는 중국집에 들러 음식을 포장했다가, 샥스핀 판매하는 집인 줄 몰랐다고 해명해야 할 정도로 샥스핀에 대한 혐오는 대단해. 너희들도 샥스핀 파는 호텔과 식당을 알아내서 그런 식당은 절대 가지 말

▶ 환도상어 기다리기. 나타난 것을 모르고 다른 곳을 보고 있는 다이버가 많다.(필리핀 말라파스쿠아, 2015)

▶ 턱수염이 난 것 같은 웨베공 샤크(인도네시아 라자암팟, 2017)

라고 부모님에게 말하면 좋겠어.

"희귀한 것 먹고 싶다는 데 그게 무슨 죄냐?" 할 수 있지만, 그렇다고 잔인한 살육 그리고 생물종을 멸종위기로까지 몰아넣는 남획은 정당화될 수 없는 짓이야. 동물의 생명과 권리가 보호, 보장되는 사회는 동물만을 위한 것이 아니라 인간을 위해서도 필요해. 그런 사회에서는 너무나도 당연히 인권이 강력하게 보호되고, 보장될 테니까 말이야.

전 세계에서 남획되고 있는 상어는 1년에 1억 마리 가까이 된다고 해. 어쩌다 한 해에 한 두 번 있는 상어 사고를 대서특필하면서 상어를 무서운 동물로 만드는 사람들이 상어 입장에서는 기가 막힐 거야.

실제로 사람에게 위험을 끼친 동물을 과학적으로 통계를 낸 것에 상어는 순위에 끼지도 못할 정도야. 그런데 다이빙한다고 하면 가장 많이 묻는 것이 "상어가 무섭지 않아요"야. <죠스> 같은 엉터리 영화 때문이야. <죠스>는 극도로 왜곡, 과장된 영화야. 사실 약 5백 종의 상어 중에서 극소수 몇 종을 빼고는 전혀 위험하지 않아. 공격 성향이 있다는 상어가 몇 종 있지만 전 세계 바다를 일부러 샅샅이 뒤지고 다녀도 만나기 극히 어려워.

다이버가 사진 찍으려고 상어에게 다가가고 있잖니(p. 47). 다이버만 아니라 물고기도 상어 나타났다고 다 혼비백산 도망가는 게 아니야(p. 47). 바다생물은 자신의 생존을 위해 최소한의 먹이 활동을 할 뿐이야. 사람처럼 생존을 위해서가 아니라 취미나 취향을 위해서 다른 생물을 멸종위기까지 몰아가지는 않아. 이 책을 읽는 너희는 같은 지구에서 살아가는 다른 생물에 대해 공감하고 사랑하고 공존할 줄 아는 사람들이 되었으면 좋겠어. 그게 내가 이 책을 쓴 이유이기도 해.

▶ 상어가 사는 곳을 일부러 찾아 가는 다이버 (코스타리카 코코스섬, 2016)

▶ 작은 바다생물도 상어를 보고 혼비백산 도망가지는 않는다. (코스타리카 코코스섬, 2016)

영화의 성공이 불행의 시작이 된 아네모네피시

<니모를 찾아서> 덕분에 일약 세계적으로 유명해진 바다생물이 아네모네피시(Anemonefish)지. 이름도 예쁘지 않니? 아네모네피시는 30여 종이 있는데, <니모를 찾아서>의 주인공은 영어로는 펄스 크라운 아네모네피시(Pulse Crown Anemonefish)이고, 우리말로는 '흰동가리'나 영어를 직역한 '광대어'라고 해.

영화가 대성공을 거둔 덕분에 어디서나 니모라고 하면 쉽게 소통이 돼. 아네모네피시 중에서 가장 예쁘고 행동도 귀여워. 옆쪽의 사진을 봐. 정말 귀엽지 않니? 아네모네피시는 담셀피시(Damselfish)의 일종으로 세계 각지의 바다에 널리 분포되어 살고 있지만, 특이하게도 대서양에서는 발견되지 않아. 바다 말미잘(영어로 Sea Anemone야)에 공생해서 아네모네피시(p. 51)로 불리고 있어. 말미잘은 예쁘고 보드랍게 보이지만 촉수가 있고 독성이 강한 물질을 내뿜어서 다른 물고기들은 접근하지 못해. 사람들도 쏘이면 매우 아프고 물집이 생겨 며칠 동안 고생한단다.

그런데 말미잘 안에서 아네모네피시는 왜 아무 탈 없이 살아갈 수 있을까, 그 비결은 무엇일까, 궁금하지? 아네모네피시는 몸 표면이 단백질이 아니라 당류이기 때문에 말미잘이 물고기인 줄 모른다는 설이 있기는 하지만 아직 과학적으로 완벽하게 규명되지 못한 듯 보여. 아네모네피시도 처음에는 말미잘의 촉수를 몸 여기저기에 닿게 해서 차츰차츰 적응하는 과정을 겪는다고 해.

아네모네피시는 종에 따라 주황색, 노란색, 붉은색, 검은색 등 색깔이 다양해. 몸통을 세로로 가로지르는 눈에 잘 띄는 흰색 무늬를 갖고 있거나, 콧등부터 꼬리까지 등 쪽으로 흰색 무늬를 갖고 있는 종도 있어. 니모는 주황색 몸통에 3개의 흰색 무늬를 갖고 있는데, 가운데 것은 보는 방향에 따라 한글의 모음 'ㅏ', 'ㅓ'처럼 보여.

아네모네피시 중에서도 몇 종은 성질도 꽤 급하고 괄괄해서, 다이버들을 빤히 쳐다보다가 어떤 때는 다이버들의 핀이나 마스크를 통통 치며 공격하기도 한단다. 바다생물들이 예민해지기 마련인 알을 낳았을 때만이 아니

아네모네피시 (필리핀 수밀론, 2016)

라 보통 때도 그런 행동을 하곤 해. 다른 바다생물들은 다 사람을 피해 도망가는 데 몸집이 작은 것이 감히 대든단다. 종류에 따라 더 큰 아이도 있지만 대부분 5cm 전후, 커봐야 10cm 정도거든. 그럴 때면 어이가 없기도 하고 심통 부리는 귀여운 어린아이를 보는 느낌이 들어.

아네모네피시는 한 마리의 암컷과 여러 마리의 수컷이 함께 가족(p. 51)을 이루고 사는 신비하고 오묘한 가족생활을 해. 그러나 수컷 사이에는 엄격한 위계가 있어서 암컷은 가장 높은 순위의 수컷하고만 짝짓기하는 일부일처제를 지키고 있어. 그런데 아네모네피시는 암컷이 죽거나 없어지면 가장 높은 순위의 수컷이 암컷으로 성전환을 해. 신기하지 않니? 그리고 두 번째 서열이던 수컷이 최상위 수컷이 되어 암컷의 짝짓기 파트너가 된단다.

암컷은 알을 낳아야 해서 체구도 가장 크고 가장 공격적이야. 수컷은 암컷의 짝짓기 파트너가 아니면 체구가 아주 작거나 성장을 억제해서 아예 어린 물고기로 남아 있어. 불필요하게 체구가 커질 필요가 없다는 뜻이기도 하고, 수컷들끼리 불필요한 싸움을 피하고, 외부의 천적으로부터 주목을 받지 않으려는 영리한 생존 방식으로 보여. 생물의 세계는 우리가 생각하는 것보다 훨씬 지혜롭고 절묘하며 신비스럽기까지 해.

사람들은, 물고기는 알을 낳은 후 전혀 자식들을 돌보지 않는다고 하지. 물론 그런 종도 있지만, 다 그렇진 않아. 알을 입안이나 주머니에 넣어 보호하는 종류도 있고, 알 주변을 잠시도 떠나지 않고 지극 정성으로 보살피는 물고기도 있어. 아네모네피시도 자기가 사는 말미잘 아래 바닥에 알을 낳고 부화할 때까지 6-10일 동안 열심히 보살펴. 재미있는 현상은 엄마가 아닌 아빠 아네모네피시가 육아를 담당한단다. 암컷도 어쩌다 알을 돌보기는 하는데 아주 짧은 시간뿐이라고 해. 사람과 달리 많은 종류의 바다생물들은 이미 오래전부터 성평등을 실천하고 있어.

아네모네피시의 알들은 쉽게 보기 어렵지만, 말미잘이 조류에 따라 너울너울 움직일 때 살짝살짝 볼 수 있는 경우도 있어. 운이 좋아 시기가 딱 맞으면 부화 직전의 아네모네피시 알의 모습(p. 53)을 볼 수 있는데, 사진으로 찍어 확대해 보거나 좋은 렌즈로 촬영하면 알 안의 두 눈까지 또렷하게 볼 수 있단

▶ 부드럽고 예뻐보이지만 독이 있는 말미잘. 그와 공생하는 아네모네피시

▶ 아네모네피시 가족. 가장 체구가 큰 것이 암컷

다. 촬영하고 다음날 같은 장소를 다시 방문했는데, 언제 있었나 싶게 아무것도 없었어. 모두 부화해서 사라진 거야. 하루만 늦었어도 허탕칠 뻔했지. 알을 낳고 부화되는 시기는 달의 주기와 관련이 깊은데, 주로 보름이나 그믐에 알을 낳아.

영화 <니모를 찾아서>의 대성공으로 인해 아네모네피시가 관상용으로 수요가 급증했지. 연간 1백만 마리 이상의 엄청난 남획이 이뤄져 세계 곳곳에서 찾아보기 어려울 정도가 되기도 했어. 영화 제목인 <니모를 찾아서>가 '니모를 잡아서'로 바뀐 것이야. 가족을 되찾는 영화가 아니라 이산가족을 만드는 역할을 하게 된 셈이지.

사실 아네모네피시는 인공양식이 용이해서 굳이 자연산을 잡아 관상용으로 판매할 필요가 없는데도 그런 현상이 일어난 거야. 영화의 주인공으로 대성공을 거둔 것은 좋은 일이지. 그런데 그 인기 때문에 생존이 위협받게 되었어. 영화와 달리 수족관에서 기르던 아네모네피시는 다시 바다로 돌려보내도 말미잘에 적응하지 못해서 생존이 어려워.

생선요리 재료나 횟감의 경우에도 양식은 외면하고 꼭 자연산만을 찾는 사람이 있어. 많은 사람이 자연산만 즐겨 찾으면 결국 바다의 환경과 생태 파괴는 가속화될 수밖에 없지. 페이스북 CEO 저커버그는 육식의 경우, '제 먹거리는 제 손으로 직접 차리는(kill-your-own-dinner)' 방식을 택해서 자연스럽게 제한을 두었다고 하는데, 환경 부담이 너무 큰 현대 사회에서 자기 취향을 만족시키려고 자연산만 고집하지 않았으면 해. 이런 일이야말로 환경을 보호하는 일이 아니고 무엇이겠어.

▶ 말미잘 아래의 알을 돌보고 있는 아네모네피시 (필리핀 오슬롭, 2016)

▶ 부화 직전의 아네모네피시 알 (필리핀 오슬롭, 2016)

아름다운 유령, 고스트 파이프피시

이 친구는 아름다운 예술품 같아. 바다생물 중 아름다운 물고기 선발 대회를 연다면 이 친구가 일등으로 뽑힐 거야. 지느러미가 옛날 유럽의 귀부인이 들고 다니는 화려한 깃털 부채 같아. 그런데 이 친구 이름이 특이해. 고스트 파이프피시(Ghost Pipefish, 유령 실고기). 물고기 이름에 유령이 붙다니 희한하지 않니? 자, 자세히 보렴. 몸의 섬세한 돌기와 화려한 무늬가 지느러미와 멋지게 어울려. 크기가 작으면 5cm 커도 10cm보다 약간 큰 정도인데, 모양이나 색이 아주 정밀하고 복잡해. 그래서 마치 정교한 예술품을 보는 것 같은 느낌이야. 아름다운 몸에 초롱초롱한 눈동자를 가진 고스트 파이프피시가 바닷속을 부드럽게 헤엄치는 모습이 마치 유령이 하늘하늘 나들이 나온 것 같다니까. 눈을 가만히 들여다봐. 초롱초롱한 눈에도 아름다운 무늬가 있어.

그런데 물고기 이름에 왜 유령을 붙였을까? 고스트 파이프피시는 주변 환경과 같이 무늬와 색깔이 비슷해서 잠깐 한눈을 팔았다간 다시 찾기가 어려워져. 살짝 보였다 사라졌다, 유령 같다고 해서 '고스트'를 붙였대. 그만큼 은폐 능력이 뛰어난 거지. 다른 바다생물도 그런 경우가 많은데, 고스트 파이프피시도 색깔과 무늬는 달라도 같은 종인 경우가 많아.

고스트 파이프피시는 언뜻 보면 참 겸손한 것처럼 보여. 매우 아름답게 생겼는데도 불구하고 항상 고개를 아래쪽으로 숙이고 바닷물의 흐름에 의해서만 살짝살짝 몸이 흔들릴 뿐 전혀 움직임이 없거든. 사실은 겸손해서 그런 것은 아니야. 바닥이나 해조류에 붙어 있는 먹이를 쉽게 빨아들이기 위해 그런 자세를 취한 거야. 바다생물의 생김새나 색깔, 그리고 행동까지도 다 생존하기에 가장 적합한 형태를 취하거든. 그래서 무심코 지나지 말고 '왜 이런 색일까?', '왜 이런 모습일까?' 생각을 해보는 습관은 과학적인 사고능력을 키우는데 참 좋은 태도야.

고스트 파이프피시는 몸통이 까만색인 종류를 제외하고는 사진이 잘 나오는 모델 감이야. 그러나 보호색을 띠고 있어 배경이 방해 되는 경우가 많아. 그렇다고 사진을 찍기 위해 물고기의 위치를 바꾸게 하는 건 좋지 않아. 스

고스트 파이프피시 (인도네시아 렘베, 2014)

트레스를 받거든. 그러니까 사진 찍기 좋은 위치가 될 때까지 기다리는 게 훌륭한 수중사진가의 태도라고 생각해.

고스트 파이프피시는 암컷과 수컷이 매우 사이가 좋아. 대부분 같이 있어. 큰 게 수컷이냐고? 아니야. 암컷이야. 암컷이 수컷에 비해 훨씬 커. 암수가 크기는 달라도 생김새는 구분할 수 없을 정도로 비슷해서 겹쳐 있으면 한 마리처럼 보일 정도(p. 59)야. 그런데 전혀 색깔이 다른 경우(p. 59)도 있어. 다른 곳에 살던 암수가 방금 합친 것인지, 같이 살면서도 다른 색깔을 갖고 있는 것인지 모르겠어. 사람도 그렇잖아. 비슷한 사람끼리 커플이 되기도 하고, 성격이나 살아온 환경이 전혀 다른 사람끼리 커플이 되는 경우도 있으니까, 물고기들도 마찬가지라고 짐작해.

어느 날 매우 강한 조류가 밀려왔어. 고스트 파이프피시 부부가 조류의 힘에 못 이겨 헤어졌단다. 나는 부부가 만나지 못할까봐 걱정했어. 그러나 괜한 걱정이었어. 부부가 한참을 애쓰더니 결국 다시 만났다니까. 그 광경이 무척 아름다웠어. 상대방이 '어디에 있는지 어떻게 알았을까?', '떨어지지 않으려고 애쓰는 힘의 근원은 무엇일까?' 나는 물속에서 한참 동안 생각에 잠겼단다.

고스트 파이프피시는 해부학적으로는 해마와 가장 가깝지만, 생물학이나 생태에 관해서 알려진 사실이 전혀 없는 신비로운 물고기야. 역시 바다의 유령답다니까. 고스트 파이프피시도 몇 종은 아주 만나기 힘들어. 그런 희귀한 고스트 파이프피시를 만나는 날은 행운이지. 그런 날은 밥을 먹지 않아도 배가 불러.

▶ 만나기 힘든 고스트 파이프피시 (인도네시아 렘베, 2015)

▶ 만나기 힘든 고스트 파이프피시 (인도네시아 렘베, 2015)

▶ 할리메다(Halimeda) 고스트 파이프피시 커플(인도네시아 렘베, 2017)

▶ 강한 조류에도 떨어지지 않는 커플(인도네시아 렘베, 2014)

▶ 쌍둥이처럼 똑같아 하나처럼 보이는 커플(인도네시아 렘베, 2017)

▶ 전혀 다른 색깔의 커플(필리핀 아닐라오, 2013)

격투기 챔피언, 맨티스 슈림프

맨티스 슈림프(Mantis Shrimp)는 '사마귀처럼 생긴 새우'라는 뜻이지만 새우와는 전혀 달라. 우리나라에서는 '바다의 가재'라는 뜻으로 '갯가재'라고 부르지만, '가재'도 아니야. 맨티스 슈림프는 4백 종이 넘는 별도의 생물종이야.

맨티스 슈림프는 인류가 지구에 존재하지 않았던 수억 년 전부터 진화해 왔어. 고대 국가 아시리아에서도 기록이 남아 있을 정도로 아주 오래된 바다생물이지. 우리나라 조선시대 정약전이 지은 『자산어보』에도 등장해. 맨티스 슈림프는 게나 랍스터보다 새우와 촌수가 가깝단다. 이 친구들은 다리가 열 개라는 뜻으로 '십각목(十脚目)'에 속해. 그러나 맨티스 슈림프는 입에 다리가 있는 '구각목(口脚目)'에 속하거든. 그리고 새우, 게 등 대부분 갑각류는 죽은 생물을 먹는 등 소극적으로 먹이를 찾는데, 맨티스 슈림프는 먹이를 찾으면 일단 난폭한 사냥꾼처럼 먹이를 기절시키고, 죽이고, 절단한 후 냠냠한단다. 보통 크기가 10cm 정도 되고, 큰 종이라고 해도 30cm 정도밖에 안 되는데 힘이 장사야. 놀랍지 않니? 바로 입 쪽에 달린 앞다리가 그 비장의 무기지.

맨티스 슈림프의 특징이기도 한 앞다리는 용수철 기능이 있는 말 안장 모양의 조직에 의해 몸통과 연결되어 있어. 용수철은 힘차게 누르는 만큼 튀어 오르잖아. 이 친구의 앞다리가 그래. 이 친구가 먹잇감을 찾으면 초속 20미터 이상으로 총알처럼 빠르고 막강한 펀치를 날리기 때문에(p. 63) 먹잇감이 기절하거나 껍질이 부서져. 수족관이 깨진 경우도 있고, 어부들이 맨손으로 잡으려다 엄지손톱이 빠지는 사고를 당한 경우도 많아. 그러니까 바다 세계에서 격투기 경기 대회를 열면 챔피언은 당연히 맨티스 슈림프일거야.

맨티스 슈림프는 또 하나 신기한 게 있어. 바로 눈이야. 동물 중 눈의 구조가 가장 복잡해서 오래전부터 과학자들이 큰 관심을 가지고 연구해 왔지. 맨티스 슈림프의 눈은 자외선에서 적외선까지 아주 넓은 파장 영역의 빛을 감지할 수 있어. 눈이 여러 개냐고? 아니야, 우리처럼 두 개야. 그런데 눈 속에 놀라운 비밀이 숨어 있어. 말하자면 우리는 눈 하나에 눈동자가 하나잖아. 그런데 맨티스 슈림프는 한 쪽에 세 개씩, 총 여섯 개 눈동자를 갖고 있는 구조

알을 품고 있는 맨티스 슈림프 (필리핀 아닐라오, 2013)

야. 거기다가 색깔을 감지하는 광수용체가 인간은 세 개, 개는 두 개인데 맨티스 슈림프는 무려 12개야. 동물 중에서 가장 많지.

인간은 광수용체가 빨강, 파랑, 초록만 감지해. 이 세 가지 색을 감지하는 것만으로도 뇌에서는 백만 가지 이상 색깔의 차이를 알아낼 수 있어. 그러니 12개의 수용체를 가진 맨티스 슈림프가 보는 색은 도대체 얼마나 될까? 과학자들이 의문을 가지는 게 당연했지.

그런데 반전이 있어. 2014년, 과학 잡지 사이언스에 실린 논문에서 과학자들은 맨티스 슈림프가 색깔을 예민하게 구분하지 못한다는 실험 결과를 발표했어. 광수용체가 사람보다 4배가 많은데도 색깔 구분 능력이 뛰어나지 않다는 거야. 맨티스 슈림프의 눈에 대한 과학자들의 환상적인 기대가 무너졌다는 보도가 뒤따랐지. 근데 내 생각에는 실망할 일이 아닌 거 같아. 맨티스 슈림프는 광수용체에서 바로 색을 구별할 수 있어서 사람처럼 시신경을 통해 전달된 신호를 뇌에서 종합하는 시간은 최소화한다는 것이 밝혀졌거든. 사실 많은 색을 구분할 필요보다는 빨리 인식하는 것이 더 중요할 수 있지 않겠어?

또 맨티스 슈림프는 눈으로 편광을 인지하기 때문에 다른 동물들이 보지 못하는 것을 볼 수 있다는 과학자들의 연구가 발표되었어. 편광 인지 기능은 암세포를 일반 세포와 구별하여 치료할 수 있는 기술로 개발이 가능하다고 해. 생물의 생리작용이나 구조에 대한 연구를 통해 새로운 기술을 개발하려는 과학자들에게 바다생물은 많은 아이디어와 영감을 제공하고 있어.

맨티스 슈림프는 날이 어두워지거나 밤에 먹이를 잡기 위해서만 밖으로 나와. 다른 때는 어두운 굴에 들어 있어. 그래서 맨티스 슈림프의 수중사진은 주로 얼굴이나 상반신을 내놓고 있는 모습이 대부분이야. 맨티스 슈림프 중 피콕(Peacock: 공작) 맨티스 슈림프, 핑크빛 귀를 가졌다는 뜻을 가진 핑크이어 맨티스 슈림프(Pink-Eared Mantis Shrimp)(p. 63) 등은 색깔과 자태가 무척 아름다워. 그러나 나는 뭐니뭐니해도 알을 잔뜩 안고 있는 맨티스 슈림프(p. 61)가 가장 아름다워. 엄마의 마음이 느껴지지 않니?

▶ 핑크이어 맨티스 슈림프(인도네시아 렘베, 2014)

▶ 조개를 부수고 있는 맨티스 슈림프(인도네시아 돌람벤, 2023)

▶ 굴 밖으로 나온 피콧 맨티스 슈림프(인도네시아 렘베, 2016)

작아서 더 경이로운, 헤어리 슈림프

바다생물은 고래상어나 만타 레이처럼 덩치가 엄청 큰 종류도 있지만, 아주 작은 생물도 많단다. 너무 작아서 찾기도 어렵고 눈앞에서 '나, 여기 있어' 하고 자신을 보여줘도 맨눈으로는 알아보지 못하는 경우가 대부분이야. 다행히 확대렌즈가 부착된 사진기로 보면 그 생김새를 확인할 수 있어. 이렇게 어려운데도 아주 작은 바다생물을 찾아서 사진 찍기를 좋아하는 수중사진가도 있단다.

인도네시아의 슬라웨시섬의 마나도 근처 렘배 해협은 세계 어느 곳보다 바다생물의 종류가 다양해. 이곳에는 다른 곳에서 발견할 수 없는 바다생물을 만날 수 있을 뿐만 아니라, 미지의 바다생물이 계속 새로 발견되므로 수중사진가의 성지와도 같은 곳이야. 이런 명성을 갖고 있는 렘배에서도 꽤 발견하기 어려운 종이 있어. 궁금하지? 바로 헤어리 슈림프(Hairy shrimp)야.

'털이 많은 새우'라는 뜻을 가진 헤어리 슈림프. 매끈한 몸을 가진 다른 새우들과 달리 몸 전체가 털로 덮여 있어. 그리고 몸을 항상 웅크리고 있는데 크기가 2mm 정도 될 거야. 몸을 쫙 펴도 5mm가 안 될 정도야. 이렇게 작은 생물을 수중에서 볼 수 있는 그 자체가 신기할 뿐이지.

경험이 많은 현지 가이드는 작은 수중 생물들이 있는 장소를 알고 있단다. 일반 다이버는 열심히 찾아도 발견하기 어려워. 처음에는 가이드가 찾아주지 않으면 헤어리 슈림프를 찾을 수 없었어. 그런데 해마다 여러 차례 방문해서 사진을 찍다 보니 가이드가 찾지 못하는 헤어리 슈림프를 먼저 찾게도 되더라. 역시 경험이 많아야 한다니까. 스스로 찾으면 가이드가 찾아주는 것을 보는 것보다 기쁨이 훨씬 더 커.

작은 수중 생물을 발견했다고 해도 사진 찍기가 어려워. 작은 생물은 아주 미세한 조류에도 흔들리니까 사진 촬영을 할 때 초점을 맞추기가 어려워. 게다가 헤어리 슈림프는 몸에 난 털에 이런저런 것들이 묻어있어 좀처럼 깔끔한 모습을 사진에 담기가 쉽지 않았어. 그래서 초기에는 사진에 찍힌 헤어리 슈림프를 보면 뿌듯했지. 이 기분은 잠깐이었어. 인간의 욕심은 끝이 없잖아.

풀인지 새우인지 구분하기 어려운 헤어리 슈림프 (인도네시아 렘베, 2014)

가장 흔한 붉은색을 띤 헤어리 슈림프 말고 다른 색을 띠고 있는 아이들(p. 67)을 보고 싶어지는 거야. 이 친구들은 강아지처럼 귀엽고 무늬가 예뻐. 그러니 그 모습을 카메라에 담고 싶은 생각이 얼마나 강렬하겠니?

새우는 몸 밖에서 알이 훤히 보이는 종류가 많아. 가장 대표적인 종류가 아네모네 슈림프(Anemone Shrimp, 말미잘 새우)(p. 67)야. 이 친구는 몸이 투명해서 알이 훤히 보여. 아네모네 슈림프는 그래도 몸길이가 2cm 정도 되니 그렇다 쳐. 그런데 몸길이가 2mm에 불과한 헤어리 슈림프의 알을 밖에서 보는 느낌(p. 67)이란, 말도 표현할 수가 없을 정도로 신비해. 알 하나의 크기는 마이크로미터(μm) 단위야. 말 그대로 마이크로 세계를 바로 눈으로 본다니까! 나는 그 작은 알 하나하나를 보면서 광학기기 기술의 발전에 한 번 놀라고, 생명 탄생의 비밀을 보는 경이로움에 두 번 놀랐단다.

▶ 상대적으로 희귀한 헤어리 슈림프

▶ 알을 품고 있는 헤어리 슈림프

▶ 알이 투명하게 내보이는 아네모네 슈림프

걸어다니고 낚시하는 물고기, 프로그피시

걸어다니는 물고기가 있다고 하면, 사람들이 "정말? 그런 물고기가 다 있어?" 하며 믿기지 않는 표정을 짓겠지. 여기에다 걸어다니는 물고기가 낚싯대를 드리우고 물고기를 낚는다고 하면 "무슨 소리야? 하며 "장난치지 마." 할 거야. 그런데 진짜 그런 물고기가 있어. 개구리처럼 생긴 프로그피시(Frogfish)야. 낚시꾼 물고기라는 뜻으로 앵글러피시(Anglerfish)라고도 해. 우리 이름으로는 '씬뱅이'라고 하는데 어원이나 의미가 무엇인지는 짐작하기 어려워. 아무튼 호기심이 일지? 생김새와 낚시하는 모습도 궁금할 거야.

프로그피시의 꼬리지느러미는 그대로지만 가슴지느러미와 배지느러미가 사람 손 모양으로 변형되어 있어. 이 친구는 꼬리지느러미를 열심히 움직이면서 동시에 아가미를 통해 물을 뒤쪽으로 내뿜는 추진력으로 헤엄을 치지만 별로 효율적이지 못해. 그래서 갓난아이가 기어다니듯 걸어다녀(p. 71). 그러니 얼마나 느리겠어. '저렇게 느려서 약육강식의 바다 세계에서 어떻게 살아가지?' 걱정할 정도라니까. 크기는 1cm부터 30cm가 넘는 것까지 다양해. 작은 것은 앙증맞게 예쁘고(p. 72), 큰 것은 엉큼하고 둔해 보여.

"굼벵이도 구르는 재주가 있다"는 속담이 있어. 이 말은 아무리 능력이 없는 사람이라도 한 가지 재주는 있다는 뜻이야. 동작이 느린 프로그피시는 낚시하는 재주가 있어서 먹고 사는 데 문제가 없어. 프로그피시는 등지느러미 대신 길고 가는 낚싯대('일리시움 illicium'이라고 부른다)를 갖고 있어. 낚싯대 끝에 에스카라는 것이 달려 있어. 이것으로 낚시하는 거야. 낚시꾼들은 느긋하게 물고기가 입질할 때까지 기다리잖아. 프로그피시도 느긋하게 미끼에 먹잇감이 오기를 기다려. 동작이 느린 이유가 여기에 있다고 생각해. 프로그피시에게 잡히는 물고기는 에스카의 모양을 보고 속는단다. 에스카가 물고기나 새우 모양, 풀 더미 같은 모양이거든. 낚시꾼들이 바늘에 끼우는 미끼 같은 역할을 하는 거지. 에스카의 모양으로 프로그피시의 종을 구분하기도 해. 입질이 감지되면 낚시꾼이 다급하게 낚싯대를 끌어 올리잖아. 침착하게 기다리던 프로그피시는 먹이가 가까이 오면 순식간에 입을 크게 벌려(p. 73) 재빠르게 빨

낚싯대 모양의 일리시움을 드리운 프로그피시(인도네시아 렘베, 2013)

아들인단다. 이때 걸리는 시간이 불과 100분의 1초도 안 걸릴 정도로 빠르다고 해. 놀랐지? 그 느린 친구가. 도대체 그 힘의 원천이 무엇일까? 궁금하지 않니? 또 이때 입을 어마어마하게 크게 벌려서 자기 몸보다 두 배나 되는 먹이도 삼킬 수 있다. 이 친구의 먹이는 여러 종류의 물고기와 갑각류인데, 심지어 자기들끼리도 서로 잡아먹는대.

프로그피시는 다른 물고기와 달리 몸에 비늘이 없어서 포식자로부터 자신을 보호하기 힘들어. 그래서 자기 몸을 주변과 구분하기 어렵게 만드는 뛰어난 위장술(p. 73)을 갖고 있단다. 동작이 느린데다, 먹잇감이 가까이 오기를 기다려야 하니 이런 위장술이 꼭 필요할 것 같아. 프로그피시의 위장술은 다양해. 몸의 형태를 해면이나 산호, 바위와 비슷하게 만들어 구분하기 어렵게 하거나 몸 색깔을 주변과 비슷하게 해. 검은색부터 흰색까지, 붉은색, 주황색, 분홍색, 노란색, 회색, 쑥색 등 정말 다양한 색깔로 변화할 수 있대. 그래서 색깔로는 프로그피시의 종류를 구분할 수가 없어.

2005년에 그 존재가 알려진 헤어리(Hairy) 프로그피시(p. 71)는 몸에 털 같은 갈기가 많이 나 있어서 다른 종류와 특별히 구분된단다. 이 친구가 포식자들로부터 자신을 보호하기 위해 몸을 마치 성게처럼 보이는 거라고 나는 생각해. 헤어리 프로그피시의 미끼는 하얀 지렁이처럼 생긴 매우 독특한 모양이란다. 이 친구는 워낙 희귀해서 발견했다 하면 다이버뿐 아니라 가이드들까지도 흥분해서 바닷속이 소란스러울 정도야. 걸어다니고, 유별난 미끼로 낚시하는데다 몸에 털이 가득한 물고기니까 당연히 그렇겠지. 앞으로 이 친구보다 더 특별한 물고기를 찾기란 아마도 어려울 거야.

▶ 지느러미가 네 발처럼 바뀐 프로그피시 (인도네시아 렘베, 2015)

▶ 헤어리 프로그피시 (인도네시아 렘베, 2015)

▶ **앙증맞은 어린 프로그피시**(인도네시아 뚤람벤, 2023)

▶ **온몸에 사마귀가 난 모습의 프로그피시**(필리핀 아닐라오, 2012)

▶ 입을 크게 벌린 프로그피시 (필리핀 모알보알, 2015)

▶ 산호로 위장한 프로그피시 (필리핀 모알보알, 2015)

다이버들이 제일 무서워하는 스콜피온피시

다이버들은 상어는 무서워하지 않는다고 했지? 그럼 어떤 바다생물을 가장 무서워할까? 무섭다기보다는 무척 조심하는 물고기가 있어. 바로 스콜피온피시(Scorpionfish)야. 스콜리온은 전갈을 뜻해. 어때, 이름이 무섭지? 이름에서 알 수 있듯이 아주 강력한 독을 품고 있어. 스콜피온피시는 몸 표면에 가시 형태의 침이 돌출해 있는데 여기에 찔리면 큰일 나.

스콜피온피시도 먼저 사람을 공격하지는 않아. 하지만 바위나 산호 위에 딱 붙어 있으면 좀처럼 발견하지 못할 정도로 보호색과 위장술이 뛰어나므로 주의를 해야 해. 몸길이가 대부분 20cm 내외의 크기로 어느 정도 경험이 쌓이면 바위와 구분해 볼 수 있어. 그런데 스콜피온피시를 본 경험이 없는 초보 다이버 때는 좀처럼 구분하기 어려워. 상대적으로 주변 환경과 구별되는 녀석도 있지만 너무나 바위하고 똑같아서 눈동자만 아니면 도저히 구분하기 어려운 경우가 많아.

그러다 보니 무심코 바위인 줄 알고 손으로 집거나 맨발로 밟거나 하면 스콜피온피시가 놀라 가시를 세우면 찔리게 되는 거지. 그러면 물린 부위가 부어오르고, 몇 분 안에 팔이나 다리 전체로 독이 퍼져 극심한 고통을 겪게 된단다. 이것뿐인 줄 아니? 호흡곤란이 와서 심장에도 악영향을 줘. 때에 따라서는 위급한 상태로 악화할 수 있어서 빠르게 병원 응급실로 가는 게 좋아. 뭐든지 예방이 가장 좋은 것이니 그런 일이 일어나지 않아야 하지만, 만에 하나 그런 일이 일어나면 침착해야 해. 일단 응급조치를 해야 해. 만약 가시가 눈에 보이면 금속이나 신용카드 같은 플라스틱 조각으로 가시를 밀어내는 식으로 뽑아내, 그다음은 찔린 부위를 뜨거운 물에 담가야 해. 열로 독의 활성도를 낮추는 거야. 다이버 자격증 교육을 받을 때, 절대로 바다생물이나 산호 등을 만지거나 건드리지 않도록 교육을 받는단다. 바다생물과 바다 환경을 보호한다는 취지도 있지만 불의의 사고를 막기 위해서라도 그 원칙은 꼭 지켜야 해. 한국 바다는 매우 차가워서 다이버들이 두꺼운 장갑을 착용하는 경우가 많아. 그러면 겁 없이 함부로 무엇인가 만지는 습관이 생길 수 있어. 해외

스콜피온피시(인도네시아 라자암팟, 2017)

바다에서는 장갑을 착용하지 못하게 하는 경우가 많아. 그럴 때 손으로 뭘 잡는 습관이 나오면 위험하지.

스콜피온피시는 라이온피시, 스톤피시(p. 77) 등 다양한 사촌 격인 아이들이 많은데, 모두 가시에 독이 있으니 건드릴 생각은 하지 말아야 한단다. 살짝 겁이 나지? 사실 물속에서 정상적인 다이빙을 하면서 손으로 건드리거나 발로 밟지만 않으면 스콜피온피시도 전혀 위험하지 않아. 그래도 경각심은 갖는 게 좋아.

스콜피온피시를 관찰하면 그들은 모든 것을 무시하고 아무 일도 하기 싫은 듯 혼자서 가만히 엎드려 있어. 다이버에게도 아무 관심이 없어 보이고, 어떤 위협적인 행동도 하지 않아. 많은 바다생물이 부지런히 먹이를 찾아다니며 먹이활동을 하지만 스콜피온피시는 바다생물 중에서는 드물게 가만히 앉아서 기다리는 포식자야. 바위나 암초의 그늘에 있다가 자기 근처를 지나는 작은 물고기 등을 잡아먹으며 살아간단다. 그러니까 느긋하게 망을 보고 있다가 그물에 걸리는 먹이를 기다리는 거미나 마찬가지라고 할 수 있어. 스콜피온피시는 밤에 사냥하고 낮에는 휴식을 취해.

스콜피온피시는 고독을 좋아하는지 짝짓기할 때를 제외하고는 평생 혼자 살아가. 처음에는 험상궂고 심지어 흉악해 보이기까지 하지만 자주 보면 귀엽게 느껴진단다. 나태주 시인도 '풀꽃'은 자세히 보아야 예쁘고, 오래 보아야 사랑스럽다고 했잖아.

스콜피온피시를 잡는 어업은 활성화되어 있지 않아. 몸에 독이 있는 가시가 있어서 잡을 때 위험해서 그런가 봐. 그런데 말이야, 스콜피온피시가 맛이 무척 좋은 생선이래. 우리나라에도 유사 어종인 볼락이 맛이 무척 좋은 것과 마찬가지인가 봐. 랍스터와 비슷한 아주 고급스러운 맛이래. 그래서 일부 지역에서는 인기 있는 식재료로 쓴다고 해. 인간의 먹는 욕심은 참 대단한 것 같아!

다이버들도 수중 경험이 많아지면 스콜피온피시를 바위와 구분해 쉽게 발견할 수 있게 돼. 그럼 '나도 이제 직접 바다생물을 찾을 줄 아는 다이버가 됐다'라는 뿌듯함과 행복감을 주지.

▶ **라이온피시**(필리핀 모알보알, 2015)

▶ **스톤피시**(하와이 코나섬, 2015)

바다 세상은 우리 거야, 고비

산호초에는 온갖 바다생물이 모여 산단다. 고비(Gobies)도 그중 하나야. 눈에 잘 띄지 않는 고비는 실제로는 산호초 생태계에서 가장 다양한 종과 많은 개체 수를 가지고 있는 물고기란다. 대부분 은폐물 아래나 구멍 속에 살고 있는데 누가 가까이 다가가면 재빠르게 숨기 때문에 세심하게 관찰하지 않으면 그렇게 많은 고비가 살고 있는지 알기가 어렵지.

고비는 우리 이름으로는 '망둑어'로 불리는데, 10cm 미만의 작은 물고기지만 2천 종 이상 존재하는 거대한 생물군이야. 전 세계 열대나 온대 바다, 맹그로브 늪, 염습지, 그리고 강 하류 등 민물 환경에서도 널리 서식하고 있단다.

다이빙하면서 만나게 되는 고비 중에 산호에 숨어 사는 종도 있고 이리저리 바삐 움직이며 귀여운 자태를 뽐내는 종도 있고, 모랫바닥에서 살아가는 종도 있어. 그 모습과 습성이 정말 다양해. 여러 종류의 고비 중에 바닥에 파여 있는 굴 입구에서 주변을 열심히 두리번거리며 경계하다가, 누가 가까이 가면 굴속으로 재빠르게 숨어버리는 모습이 다이버들에게는 가장 친숙한 고비란다.

이런 친구들은 피스톨 슈림프(Pistol Shrimp, 딱총새우)하고 공생하여 더 호기심을 유발한단다. 새우하고 공생하며 사는 고비라는 뜻에서 새우 고비(Shrimp Gobies), 혹은 파트너 고비(Partner Gobies)라고 부르기도 해.

전혀 닮은 점도 없어 보이는 고비하고 새우가 어쩌다 공생하게 됐는지 참으로 신기해서 이런저런 학술 자료를 찾아보았지. 이 두 종은 오래전부터 공생관계를 유지해 왔어. 새우는 은신처를 제공하고 고비는 위험을 경고해 줘. 참으로 유익한 관계라는 생각이 들어. 새우는 굴을 확장하려는 것인지 아니면 조금씩 무너지는 굴을 보수하는 것인지 열심히 드나들면서 굴 밖으로 작은 모래와 돌가루를 내보내. 고비는 굴 밖에서 두리번거리며 주위를 살펴. 고비와 공생하는 새우는 장님 새우라 불릴 정도로 시력이 매우 안 좋아. 새우는 더듬이를 사용하여 고비와 접촉하고, 고비는 꼬리 움직임을 통해 새우에

고비 (인도네시아 렘베, 2015)

게 위험을 알려 준다. 사진 찍을 때 보면, 정말 새우가 고비 꼬리에 딱 붙어 있는 모습을 볼 때가 많아. 그런데 몇 년 전, 일본 학자들이 이들의 공생 관계를 연구해서 단순히 은신처 제공과 위험 경고의 역할을 넘어선 관계라는 결과를 발표했단다. 고비가 굴 밖에서 배변하지 않고, 새우는 굴 밖에서 먹이를 찾지 않는다는 사실에 관심을 기울인 거야. 그래서 학자들은 다음과 같은 실험을 했대.

첫 번째는 새우와 고비를 함께 있게 한 다음 고비에게 먹이를 줬어. 두 번째는 새우만 놔두고 고비 배설물을 줬지. 세 번째는 새우만 놔두고 고비 배설물도 주지 않았어. 그리고 경우별로 새우의 몸무게를 측정했대. 그랬더니, 첫 번째 경우에는 새우의 몸무게가 일정했고, 두 번째 경우에는 새우의 몸무게가 아주 약간 줄긴 했지만 거의 차이가 없었대. 그런데 세 번째 경우에는 앞의 두 경우에 비해 새우의 체중이 훨씬 감소했다지 뭐니. 고비가 없거나 최소한 고비 배설물을 주지 않으면 새우가 살아가기 어렵다는 거잖아. 학자들은 이런 결과를 두고 새우가 굴 안에서 고비의 배설물을 먹이로 섭취한다는 주장을 국제 학술지에 발표했어. 기존에 알려진 것보다, 먹이도 의존하는 훨씬 더 밀접한 공생관계라는 거지.

자연을 약육강식의 세계, 먹이사슬로 표현한 경우도 있지만, 실제로 자세히 살펴보면 먹고 먹히는 관계조차 전체 생태계를 유지하기 위해 피할 수 없는 활동 같아. 너희도 곰곰이 생각해 봐. 생태계에 존재하는 생물은 대부분 서로 긴밀하게 연결되어 있고, 수많은 공생으로 이뤄지고 있잖아. 생태계에 대한 연구가 진행될수록 그런 사실이 점점 분명하게 밝혀지고 있어. 특히 바다생물의 세계는 육지 생태계보다 더 긴밀하고 밀접하게 연결되어 있어. 그래서 더 매력적이야. 나는 바다생물들이 사람들을 바다의 매력에 빠져들게 만드는 힘이 있다고 생각해. 나도 그렇고.

고비의 매력을 알려 줄게. 고비 중 몸통 무늬가 독특한 고비도 있긴 하지만 특히 지느러미의 무늬가 다양해. 그것을 구분하면서 관찰하는 재미가 크단다. 눈 모양의 큰 반점이 하나거나 여러 개라서 아주 특별하게 보이는 고비(p. 81)도 있어. 바다생물은 가까이 접근해서 촬영할수록 그들의 모습을 자세히 카메

▶ 새우와 공생하는 고비 (인도네시아 발리, 2023)

▶ 지느러미 무늬가 독특한 시그널 고비 (인도네시아 렘베, 2014)

라에 담을 수 있지만, 고비는 조금만 가까이 가도 굴속으로 재빠르게 피하기 때문에 조심스럽게 아주 느리게 다가가면서 카메라 셔터를 눌러야 해. 새우가 굴 밖으로 나온 순간을 포착해 사진(p. 81)을 찍으면 그들의 공생의 모습을 담아서 그런지 더 마음에 들어.

내가 고비 사진 촬영을 즐기다 보니 어떤 때는 다이빙 리조트와 가이드들조차 자기 지역에 이런 고비가 사는 줄 몰랐다고 한 경우도 있어. 그런 사례 중의 하나가 몸은 검은색, 머리는 흰색인 화이트 캡(White Cap) 고비(p. 83)야. 그 사진을 찍기까지 촬영 조건이 여러 가지로 쉽지 않았고 참으로 오래 기다리며 얻은 사진이라서 사진의 질이 좋지 않은데도 그때의 기억이 떠올라 소중하게 보관하고 있단다.

▶ 골든(Golden) 고비 (필리핀 아닐라오, 2013)

▶ 화이트 캡 고비 (필리핀 수밀론섬, 2018)

▶ 회초리산호 고비 (인도네시아 렘베, 2013)

▶ 쌍으로 함께 사는 고비 (인도네시아 렘베, 2016)

문어는 사람만큼 진화한 동물이다?

최근 문어(Octopus)의 게놈 연구 결과가 네이처 잡지에 발표되었어. 연구자들은 우리 예상을 훨씬 뛰어넘는 놀라운 사실들을 알려주었지. 문어의 게놈이 인간만큼이나 크며, 신경세포의 발달과 상호조절을 관장하는 유전자의 숫자는 포유류의 두 배에 달하고 단백질 코딩 유전자는 사람보다 많다는 결과를 내놓았어. 문어가 유전학적으로 사람만큼 발달한 고등생물일 수도 있다니. 놀라서 입이 다물어지지 않을 정도였어.

한자로는 '文魚'. '文'은 글, '魚'는 고기, 글을 아는 물고기라는 뜻이잖아. 문어가 똑똑한 사실을 고대 사람들도 알고 있었나 봐. 그런데 사실에 가까워. 문어는 복잡한 미로를 찾아가고 먹이가 들어있는 병마개를 열 줄 알아. 그래서 어쩌면 개나 고양이처럼 똑똑할지 모른다는 말이 있었지. 그래도 나는 '설마' 했다니까. 과학자들도 연체동물인 문어는 무척추동물에 속해서 아무리 똑똑하다 해도 최상위 진화종인 포유류보다 지능이 떨어질 것이라는 논리적 판단을 했었지. 그래서 이번 연구 결과가 놀라워. 연구책임자는 기자회견에서 문어를 외계인으로 비유할 정도였어. 문어는 바다의 천재가 틀림없어.

실제로 바닷속에서 문어를 만나면 '정말 똑똑한 생물이구나!' 하고 느낀단다. 문어는 주변에 위협적인 요소가 있으면 몸 색깔과 모습을 즉각 바꾸지. 마치 영화에서 지명 수배가 된 범인이 경찰의 추적을 피하고자 변장하는 것처럼. 이때 걸리는 시간이 채 1초도 되지 않아. 어때, 놀랍지? 이것뿐만 아니야. 은폐술도 보통이 아니야. 자신을 바위처럼 보이게 하거나, 죽은 척 능청을 떨기도 해. 이만하면 약육강식의 바다 세계에서 끄떡없이 살아갈 수 있겠지.

문어 중에서도 미믹 옥토퍼스(Mimic Octopus, 흉내 문어)(p. 87)는 정말 독특해. 1998년, 인도네시아에서 처음으로 확인된 문어야. 미믹 옥토퍼스는 수십 가지 형태로 모습을 바꾸는데 정말 놀라운 것은 영악하게도 자기를 공격하는 생물이 가장 무서워하는 천적 흉내를 낸다는 거야. 다른 생물의 천적을 일일이 기억하고 있다가 그 모습으로 변하는 거니 놀랍지 않니? 높은 지능이 없으면 이런 행동이 어떻게 가능하겠어? 사람을 만났을 때는 미믹 옥토퍼스도 헷

문어(필리핀 투바타하, 2013)

갈리나 봐. 나를 만났을 때 여러 모양으로 계속 변신하더라구. 사람이 무서워하는 천적이 뭔지 모르니까 헷갈렸나봐.

원더퍼스 옥토퍼스(Wonderpus Octopus 또는 Wunderpus)(p. 87)는 미믹 옥토퍼스와 모습도 비슷하고 사는 곳도 비슷해서 혼동할 수 있어. 이 친구도 2006년에야 공식적으로 확인되었으니까, 문어만이 아니라 바다생물계로 봐서도 진짜 신인이라고 할 수 있지. 이 친구는 미믹 옥토퍼스만큼 다양한 모습으로 변신은 못 하지만 아름다운 색깔을 갖고 있고 다양한 포즈를 취한단다. 그래서 데뷔하자마자 수중사진가들의 열광적인 사랑을 한 몸에 받아어.

아름다운 색깔로 몸을 치장할 줄 아는 문어로는 블루링 옥토퍼스(Blue-Ringed Octopus, 파란고리 문어)(p. 89)가 있어. 10cm 정도로 작고, 평소에는 눈에 잘 띄지 않는 색깔이라 발견하기도 쉽지 않아. 그런데 적이 공격하려고 하거나 스트레스를 받으면 파란 고리 모양의 무늬를 만들어. 그래서 나는 이 친구를 만나면 손가락으로 살짝 물결을 보내서 자극을 줘. 그래서 온몸이 파란 고리로 치장이 끝나면 그때 사진을 찍어.

이 친구도 온순하고 다이버가 가까이 가면 도망가기 바쁘지만, 치명적인 독을 품고 있어. 복어에 함유된 독과 같은 성분이야. 그렇다고 미리 겁은 먹지 마. 바다생물은 해파리를 제외하고는 사람이 먼저 건드리거나 해를 가하지 않으면 위험하지 않아. 그러나 상대를 우습게 보고 손으로 건드렸다가 물리면 최소한 며칠 동안 고통을 겪어야 하는 바다생물은 엄청 많단다. 그래서 바닷속에서는 자기 몸을 위해서도 '손 조심'이 필수 예절이야.

문어는 뼈가 없는 연체동물이다 보니, 좁은 공간에도 큰 몸을 우겨서 들어가 숨을 수 있어. 코코넛 옥토퍼스(Coconut Octopus)(p. 89)는 맨몸으로 다니다가도 숨어야 할 상황이 되면, 양다리로 조개나 비슷하게 생긴 것 뭐든지 두 쪽을 집어 포갠 다음 그 속으로 쏙 들어가 숨는단다. 그러니까 사람처럼 도구를 쓸 줄 안다는 말이야.

문어는 몰려다니는 오징어와 달리 개별 행동을 해. 서로 싸우고 잡아먹기도 하는 것은 잘 알려져 있어. 그런데 최근 연구에 의하면 짝짓기 과정에서 수컷 문어가 암컷에게 잡아 먹히는 경우가 많다고 해. 왜 높은 지능에 어울리

▶ 흉내의 천재, 미믹 옥토퍼스 (인도네시아 렘베, 2013)

▶ 원더퍼스 옥토퍼스, 춤추는 발레리나 같아 (인도네시아 렘베, 2013)

지 않는 행동을 할까 의아스럽지?

　암컷 문어는 수천, 수만 개의 알을 낳아. 알이 부화될 동안 암컷은 주머니에 담긴 알을 지키려고 몇 달 동안 먹이 활동을 하지 않는단다. 그러다가 알이 부화되면 자신은 죽고 말아. 그래서 암컷이 싸우다가 수컷을 잡아먹는 게 아니라, 알을 돌보느라 아무것도 먹을 수 없는 암컷을 위해 수컷 문어가 일부러 자기 몸을 먹이로 내준 것이 아닐까 싶어. 자식들을 위해 스스로 희생하는 것이지.

　우리는 동물의 지능과 감정에 대해 아는 것이 극히 적어. 어쩌면 문어도 사람처럼 생각하고, 느끼는지도 몰라. 그래서 동물의 존엄성에 대해 우리가 진지하게 고민해야 한다고 생각해. 더 늦기 전에 말이야. 이 글을 읽는 미래의 주인공 너희도 같이 고민하고 의논해 보면 좋겠어.

▶ 블루링 옥토퍼스(인도네시아 렘베, 2013)

▶ 코코넛 옥토퍼스가 조개를 사용해 위장하는 모습(인도네시아 렘베, 2013)

우리는 납작하지 않아, 오징어

'오징어(Squid)처럼 납작해졌다'란 말 들어봤지? 그런데 오징어가 들으면 무척 섭섭해할 거야. 오징어가 정말 납작하거나 못생겼다면 몰라도 얼마나 통통하면서도 날렵한 몸매를 갖고 있는데. 거기다가 수시로 색깔과 몸의 형태까지 바꾸는 멋쟁이거든. 오징어를 납작함의 비유 대상으로 인용하는 것은 우리나라뿐일지도 몰라. 납작하게 말린 오징어를 먹는 나라는 우리나라하고 일본뿐이래.

우리는 오징어를 말려서 먹고, 구워서 먹고, 찢어서 먹고, 어른들은 술안주로 즐겨 먹기도 하지. 그렇게 흔한 어종인데, 막상 다이빙하면서는 오징어를 제대로 볼 수 있는 기회가 드물어. 오징어는 낮에 심해에 있다가 밤에 수면으로 올라오거든. 간혹 낮에 수면으로 올라오기도 하지만, 몸체가 투명해 알아보기가 어렵고 사진을 찍어도 나오지 않아. 그래서 오징어잡이를 밤에 하는 것처럼 오징어 사진 촬영도 야간 다이빙을 하면서 해야 해. 밤에 사진 촬영을 하려면 어두우니까 아주 가깝게 접근해서 해. 그러다 보니 오징어 가족의 모습을 사진에 담기가 참 어려워.

그런데 벨리즈에서 운 좋게 **오징어 가족을 정면으로 만났어**(p. 91). 큰 기대 없이 셔터를 눌렀는데, 글쎄 오징어들이 얼마나 귀엽게 나왔는지 몰라. 동네 꼬마들이 모여 즐겁게 노는 모습과 비슷해. 옆에 사진을 보면 내 기분을 알 수 있을 거야.

오징어는 문어, **갑오징어**(Cuttlefish)(p. 93)와 함께 머리에 다리가 있는 두족류(頭足類)로 다리가 10개야. 10개 다리 중 2개는 길고 빨판이 있어 먹이를 붙잡을 때 사용하는 촉완(觸腕)이라고 해. 그리고 짧은 다리 하나는 그 안에 오징어 씨가 들어 있는 정액 주머니가 있어. 수컷 오징어는 짝짓기할 때 정액이 들어 있는 주머니를 암컷 체내로 밀어 넣어 수정한단다.

오징어 역시 가까운 촌수의 문어나 갑오징어처럼 지능이 매우 높아. 무척추동물 중에서는 단연 최고래. 일부 오징어는 자기들끼리 의사 전달 수단으로 몸 색깔이나 모습을 바꾸는데, 특히 먹이 사냥을 할 때 이 방법을 적극

오징어 가족(벨리즈, 2014)

사용한다는 거야. 어때, 머리가 좋은 것 같지 않니?

몸 색깔 하면 갑오징어가 빠질 수 없어. 갑오징어는 피부 1제곱 밀리미터에 200개 이상의 특수한 색소세포(Chromatophore)가 있어. 이 색소세포는 일종의 염료가 담겨 있는 주머니 같은 것인데, 이 세포를 크게 늘리면 피부에 색깔이 나타나고 줄이면 다시 작은 점으로 바뀌는 방식이야. 이런 변색 원리를 옷감 소재에 적용하기 위한 기술개발이 한창이라고 해. 이 기술이 개발되면 색깔이 순간순간 바뀌는 신기한 옷을 입고 다닐 수 있을 거야. 언젠가 그런 옷이 나오는 날이 기대돼.

갑오징어 중에서도 색깔 변신의 최고봉은 **플램보얀트 커틀피시**(Flamboyant Cuttlefish)(p. 93)야. 'Flamboyant'는 '화려한', '불타는 듯한'이란 뜻이거든. 이 친구는 평상시에는 어두운 갈색이어서 주변과 잘 구분이 안 되지만, 위험이 될 만한 것을 감지하면 빨갛고 노랗게 화려하게 변신한단다. 수중사진가들에게 인기가 높은 모델이야.

두족류는 일 년에서 수년 정도밖에 살지 못할 정도로 수명이 짧아. 그러면 언제 학습을 해서 지능을 높이냐는 의문이 들어. 사람은 수십 년의 긴 기간 부모에게 그리고 학교에서 교육받잖아. 그동안 지식을 축적하고 지혜를 쌓아가지. 그러나 수명이 짧은 두족류는 알에서 부화되면서부터 부모의 돌봄 없이 혼자서 살아가. 그런데도 높은 지능을 발휘하는 걸 보면, 두족류는 태어나는 순간 살아가는 데 필요한 능력과 지능을 이미 갖고 있는 게 아닐까 하는 생각이 들어.

만일 두족류의 수명이 인간처럼 수십 년이 된다면 어떤 일이 벌어질까? 정말 그렇게 된다면 두족류들이 엄청난 지식을 축적해서 바다 세계에서 문명을 일으킬 수 있을지도 몰라. 이야기 속에서만 존재하는 용궁이 실존하는 나라가 될 수도 있겠지. 그럼, 우리가 공기통을 메고 바닷속을 다이빙하듯이, 오징어나 문어 등 두족류들이 헬멧과 물통을 메고 우리가 사는 육지로 관광을 올지도 모른다는 상상을 해봤어. 재미있지 않니? 어쩌면 수백, 수천만 년 후에 두족류 수명이 수십 년으로 진화하면 내 상상이 현실이 될지도 몰라.

▶ 젊잔빼고 있는 듯한 갑오징어(인도네시아 렘베, 2017)

▶ 화려한 칼라로 변신! 플램보얀트 커틀피시(인도네시아 렘베, 2013)

작은 영웅, 새우

새우(Shrimp)만큼 우리와 친숙한 바다생물도 드물 거야. 작은 새우 종류는 크기가 1-2cm, 큰 종류는 10cm가 넘어. 그러나 크기에 상관없이 우리는 새우로 다양한 요리를 만들어 식탁에 올린단다. 젓갈을 담아 김장할 때 사용하고, 말려서 볶아도 먹고, 국물도 내지. 큰 새우로 만든 각종 요리도 많아. 우리 식생활에 새우보다 더 유용한 바다생물은 찾기가 쉽지 않아.

새우는 인간에게만 먹거리를 제공하지 않아. 작은 물고기부터 거대한 고래까지 수많은 물고기의 중요한 먹잇감이야. 이것뿐인 줄 아니? 새우는 바다의 청소부야. 바다생물들의 먹이 활동에서 나오는 많은 찌꺼기가 바다를 더럽히잖아. 그걸 새우들이 처리해 주는 거야. 육지에서 곤충이 하는 역할을 바다에서는 새우가 하는 거지. "고래 싸움에 새우 등 터진다"는 말이 있어. 마치 새우는 한없이 약하고 무시해도 좋은 것처럼 들려. 실제로는 만약 새우들이 없다면 바닷속이 엄청난 혼돈을 겪을 거야. 심하면 바다 생태계의 먹이사슬이 끊어져 전체가 붕괴할 수도 있어. 그러니 "고래 싸움에 새우 등 터진다"는 있지도 않은 말이고, 사실은 "새우가 없으면 고래는 없다"가 맞는 말이지. 그래서 나는 새우를 먹을 때마다 "새우야, 고마워" 하고 감사하는 마음을 가지려고 해.

새우는 주변과 비슷한 색깔이나 무늬를 갖고 있거나 아예 몸이 투명해서 눈에 잘 띄지 않는 경우도 많아. 그렇지만 찬찬히 살펴보면 곳곳에서 새우가 없는 곳을 찾기 어려울 정도야. 말미잘이나 산호에 공생하며 사는 새우 종류도 많이 있어. 바위나 바닥의 틈새에 숨어 사는 새우 종류도 많아. 심지어 해삼, 성게, 불가사리 같은 바다생물 표면에 달라붙어 사는 새우도 있어. 사는 곳에 따라 새우의 생김새나 행동이 전혀 다른 경우가 많아서, 같은 새우라고 믿기 어려울 정도야.

꼭꼭 숨어 살기 때문에 보기가 아주 어려운 새우 종류도 있지. 그런데 그런 친구들일수록 멋지게 생겼단다. 신기하지? 그래서 나는 그런 새우들을 '은둔형 스타'라고 불러준 적이 있어. 대표적인 친구가 **할리퀸 슈림프**(Harlequin

새우(인도네시아, 2013)

Shrimp, 어릿광대 새우)(p. 97)지. 다른 새우들이 갖고 있는 집게발 대신에 이 친구는 화려한 무늬의 넓고 얇은 판 모양의 앞다리를 갖고 있어. 다리만 아니라, 온몸이 화려해. 언뜻 보면 호랑이 무늬를 닮은데다가 온몸이 뾰족한 가시 같은 것으로 덮여 있어서 스파이니 타이거 슈림프(Spiny Tiger Shrimp)(p. 97)라고 불리는 새우도 있어. 새우만 자세히 소개해도 책 한 권을 쓸 수 있을 분량이 될지 몰라. 그만큼 새우는 워낙 종류가 많아. 특별하고 신기하며 이쁜 종류만 이름을 외우려고 해도 힘들어.

　　새우는 알을 배 쪽에 품고 있어. 두꺼운 껍질에 쌓여 있는 머리와 등과 달리 배 쪽은 조직이 얇아서 몸 밖에서도 알의 모습을 볼 수 있단다. 새우가 알을 배면 알만 보인다 해도 과언이 아닐 정도라니까. 알 하나하나가 모두 탱글탱글해서 톡 건드리면 터질 것 같아. 새우의 난소는 특이하게 목 뒷부분에 있어. 난소에서 밴 알을 배 아래쪽으로 내려보낼 때, 생식기 입구에서 정자와의 수정이 이루어지므로 배 아래에 있는 알은 이미 수정이 된 거야.

　　새우는 수많은 생물의 먹이가 되고, 청소부 역할도 하며, 바다의 먹이사슬과 생태계를 지탱하는 중요한 존재로 살아가고 있어. 몸이 작아서 연약하기 이를 데 없지만 다른 생물들과 함께 살아가는 지혜가 있어. 새우를 만나면 우리가 사는 세상에서 가장 중요하고 궂은 일을 도맡아 하면서 우리 사회를 지탱하고 있는, 평범하지만 특별한 존재인 일반 시민들의 모습을 보는 것 같아서 좋아.

▶ 회초리 산호에 공생하는 위프 코럴 슈림프(인도네시아 렘베, 2015)

▶ 톡톡 튀어 다니는 스파이니 타이거 슈림프(인도네시아 렘베, 2013)

▶ 화려하고 금슬 좋은 할리퀸 슈림프(인도네시아 렘베, 2015)

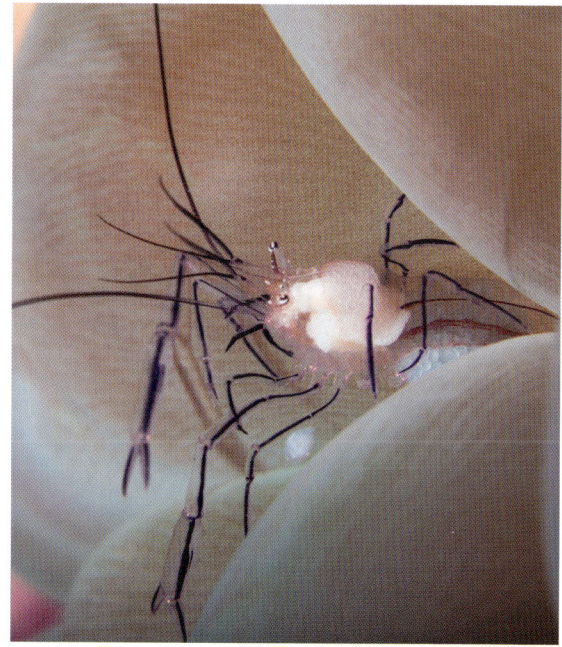
▶ 거품 산호에 공생하는 버블 코럴 슈림프(필리핀 보홀, 2016)

니들이 게를 알어?

"나처럼 똑바로 걸으라니까" 하면서 자기도 옆으로 걷는다는 '엄마 게와 아기 게' 이야기 기억하니? 친한 관계를 표현하는 "가제는 게 편"이라는 말도 있지? 그 밖에도 게거품, 게걸음 등 게의 행동을 비유하는 표현이 많이 쓰여. 게로 만든 음식도 많아. 사람마다 입맛이 다르지만, 게와 랍스터 같은 갑각류는 제일 맛있는 요리 재료로 인정받고 있어. 꽃게탕, 게장, 대게……. 그런 것을 보면 게는 인간에게 가장 친숙한 바다생물인 것 같아. 그렇지만 바닷속에서 많은 종류의 게를 만나면서 막상 우리가 '게'의 종류가 얼마나 많고 다양한지 잘 모른다는 생각이 들었어.

게 중에 가장 대표적인 종은 스위밍 크랩(Swimming Crab)(p. 101)이라고 할 수 있어. 이름에서 짐작할 수 있듯이 헤엄을 칠 수 있는 게야. 게는 새우와 같이 다리가 열 개인 십각목(十脚目)이야. 그중에 두 다리는 집게발이어서 나머지 네 쌍의 다리로 걸어다녀. 그런데 스위밍 크랩은 한 쌍의 납작한 다리가 노를 젓는 구실을 하므로 빠르게 헤엄을 칠 수 있어. 그래서 스위밍 크랩 중에는 동작이 매우 빠르고, 집게가 크고 강력하며 공격적인 성격을 가진 종류가 많아. 우리에게 가장 친숙한 꽃게가 여기에 속해.

눈알이 불쑥 솟아 있는 스위밍 크랩도 있어. 다음 장에 있는 사진을 봐. SF 영화에서나 나올 듯한 게야. 눈알이 앞으로 튀어나온 로봇이나 외계인의 눈을 연상시켜. 그런데 이름은 페탈 아이드 스위밍 크랩(Petal-Eyed Swimming Crab)(p. 101). 우리말로 바꾸면 '꽃잎 눈 꽃게'라고 해야 할 것 같아. 그 이름을 듣고 나면 달리 보여. 한 송이 꽃 같기도 해. 눈이 줄기 끝에 있는 꽃받침과 꽃잎 같이 보이지 않니?

대체로 게 종류는 바닥에서 사는 종류가 많아. 그런데 일부는 산호나 성게, 바다나리 등과 공생한단다. 그러면 주변 환경과 색깔 심지어 모양도 비슷해지곤 하지. 근데 자기 몸보다도 훨씬 큰 성게를 머리에 이고 다니는 어친 캐리어 크랩(Urchin Carrier Crab) 같은 종류도 있어. 정말 신기해. 상자 갑 같은 모양으로 박스 크랩(Box crab)(p. 101)이라고 불리는 종류도 있어. 내가 가장 신기해했

어친 캐리어 크랩(인도네시아 렘베, 2014)

던 게는 **복서 크랩**(Boxer Crab)(p. 101)이란 친구야. 크기는 1cm 정도밖에 안 되는데, 앞발에 말미잘을 쥐고 있어 마치 권투 선수가 글로브를 낀 것 같은 모습이야. 방어용이라는데, 바다생물도 상대가 손에 뭘 쥐고 있으면 경계 대상이 되나 봐. 신기해. 마침 사진에 찍힌 복서 크랩은 알을 품고 있어. 그래서 그런지 주먹을 앞으로 뻗었다기보다는 알을 감싸고 있네.

게는 전 세계의 바다와 민물에 살고 있고, 그 종류는 6천 종이 훨씬 넘거든. 정말 무궁무진하게 다양하게 진화했단다. 그래서 신기한 모습을 가진 친구도 많아. 게인지 알아보는 것은 고사하고 언뜻 봐서는 생물체인지조차 알아보기 힘들 정도야. 그리고 게도 새우처럼 바다의 청소부 역할을 해. 바다를 지키는 파수꾼이라고 할 수 있어.

지구는 사람만 사는 곳이 아니야. 모든 생물과 자연이 잘 어우러져 균형을 이루고 살아가고 있어. 그런데 우리가 잘못 개입하면 많은 종이 멸종되거나 멸종위기에 처하게 돼. 그만큼 우리의 책임이 크지. 새우나 게처럼 눈에 잘 보이지 않지만, 바다 생태계를 유지하는 데 아주 중요한 역할을 하는 친구들에게 부끄럽지. 지구에서 가장 힘이 센 우리가 모든 생물종이 위협을 받지 않고 계속 살아갈 수 있도록 역할을 하고 노력해야 해.

게들의 왕? 알아 맞춰 봐

아주 옛날부터 우리에게 게가 친숙해서 그런지, 실제로는 게가 아닌데도 게라는 이름이 붙은 친구들이 많아. 심지어 '게의 왕'이라는 뜻의 이름을 갖고 있는 킹크랩(King Crab)도 사실은 게가 아니야. 황당하지 않니? 게의 가장 중요한 특징은 다리가 10개라는 거야. 그런데 킹크랩은 게를 닮았지만 다리가 8개야. 게하고는 다른 종인 거지. 킹크랩이란 이름을 처음 지은 사람들은 이 친구가 덩치가 커서 살이 많고 맛도 뛰어나고, 어부들에게도 경제적 이익을 많이 주니 어울리는 이름이라고 생각했을 거야. 그렇지만 게들이 알면 분통이 터졌을 거야. 게도 아닌데 심지어 게의 왕이라고 부르니 말이야. 우리가 볼 수 있는 또 다른 덩치 큰 게 대게는 진짜 게야(p. 105). 다리가 10개이거든.

킹크랩 외에도 게가 아니면서 '게'라고 불리는 바다생물이 많아. 겉모습이 비슷하니까 과학이 발달하기 전에 그런 이름이 지어진 것은 무리는 아니야. 그렇지만 눈에 보이는 것만으로 너무 쉽게 단정해 버리는 것은 조심해야 해. 대표적으로 허밋 크랩(Hermit Crab)(p. 105)과 포슬린 크랩(Porcelain Crab)(p. 105)이 있어. 앞에서 말한 킹크랩도 게보다는 허밋 크랩에 가까운 친척이야. 허밋 크랩은 '은둔자 게', '숨어 사는 게'라는 뜻이야. 주로 소라 빈 껍데기를 집 삼아 발만 내놓고 걸어다니며 살아서 그런 이름으로 불려. 우리말 이름은 소라게나 집게. 우리 말이 더 정답게 느껴지지 않니? 이런 방식으로 살다 보니 허밋 크랩은 다른 게와 달리 딱딱한 등딱지나 아랫배가 없는 연약한 몸통을 가지고 있어. 소라 껍데기가 보호 역할을 하는데, 몸집이 커지면 자기 몸에 맞는 더 큰 소라 껍데기를 찾아 이사를 한단다. 일부 허밋 크랩은 소라 껍데기를 보호용으로만 사용하지 않고 껍질 위에 사는 말미잘과 공생하기도 한단다. 살아가는 방법이 참 다양하지?

허밋 크랩은 딱딱한 껍질이 없다는 것 말고도 좌우비대칭이라는 특징을 갖고 있어. 대부분의 생물은 좌우대칭이기 때문에 특별하지. 오른쪽이 큰 종류도 있고 왼쪽이 큰 종류도 있어서 오른손 허밋 크랩과 왼손 허밋 크랩으로 나누기도 한단다. 대부분의 허밋 크랩은 야행성이어서 이 친구들을 보려면

야간 다이빙을 해야 해. 야간 다이빙 때 바닥에서 돌 같은 것이 슬슬 움직이면 허밋 크랩인 경우가 많아. 드물게는 낮에 먹이 활동을 하는 것도 있긴 해. 옆쪽 사진은 낮에 촬영했어. 허밋 크랩이 자기가 사냥한 물고기는 아닌 것 같고, 죽은 것을 먹는 장면으로 보여. 이 친구들도 새우처럼 죽은 바다생물을 처리하는, 바다 생태계의 먹이사슬에서 매우 중요한 역할을 하므로 우리에겐 고마운 존재야.

포슬린 크랩도 외양은 영락없이 게와 똑같지만, 외부로 보이는 다리가 8개라서 게는 아니야. 커다란 집게발은 먹이를 잡는 데 사용하지 않고 영역 싸움에서 사용한대. 포슬린 크랩은 플랑크톤이나 작은 입자의 먹이를 입 근처에 있는 털 같은 것을 이용해서 먹기 때문에 다리를 쓸 일이 없어. 보이지 않는 다리 2쌍은 퇴화해서 걸을 때 사용하지 않아. 네 쌍의 다리로 걷는 게들과 달리 세 쌍의 다리로 걸어다녀.

포슬린 크랩은 자기(磁器)처럼 다리가 잘 부러져. 그래서 이름이 '자기 새우'라는 뜻의 포슬린 크랩이야. 잘 부서져서만이 아니라 매끈거리는 몸통이 마치 자기로 빚은 것처럼 보여서 이름이 잘 어울려. 1-2cm의 앙증맞은 크기, 매끈하고 납작한 몸통, 예쁜 색깔의 무늬와 점이 촘촘히 박혀 있어서 사진이 예쁘게 나와. 포슬린 크랩은 말미잘과 공생해. 말미잘에는 새우나 아네모네피시 등 다양한 생물과도 공생하므로 서로 어울려 사는 모습이 보기 좋아.

참, 그런데 중요한 사실이 있어. 킹크랩, 허밋 크랩, 포슬린 크랩들은 다리가 10개가 아니어서 게와 구분된다고 했지? 그런데 겉으로 보이지 않지만 퇴화한 다리 두 개가 등딱지 안에 숨어 있어서 분류학적으로는 십각목에 속해. 새우, 랍스터도 대표적인 십각목(十脚目)이야. 그러니까 이 친구들은 진짜 게는 아니지만 새우나 랍스터처럼 게의 친척뻘쯤 된다고 생각하면 되겠어.

▲ 말미잘에 사는 포슬린 크랩(필리핀 아닐라오, 2013)

▲ 죽은 물고기를 먹고 있는 하밋 크랩(인도네시아 렘베, 2015)

▲ 하밋 크랩(필리핀 수밀론섬, 2016)

▲ 대게는 진짜 게야(살아 있는 것도 게도 아니다)

친근 - 게들의 왕? 알아 맞춰 봐

첨단과학이 머쓱한 능력의 소유자, 스파이니 랍스터

바다생물 중에 나를 가장 놀라게 만든 친구가 스파이니 랍스터(Spiny Lobster, 닭새우)야. 스파이니 랍스터는 언뜻 보면 몸통을 둘러싸고 있는 단단한 껍질이 일반 랍스터와 비슷해서, 랍스터로 혼동하는 사람도 있어. 그러나 조금만 자세히 보면 랍스터가 갖고 있는 큰 앞발 집게는 없고, **매우 길고 굵직한 더듬이가 안테나처럼 앞으로 쭉 뻗어**(p. 109) 있어서 외형만으로도 뚜렷하게 구분이 돼. 그리고 이 두 친구는 분류학상으로도 전혀 다른 종류야.

사실 랍스터는 주로 차가운 바다 깊은 곳에 살아 다이빙하면서 만나기가 매우 어려워. 하지만 스파이니 랍스터는 자주 만날 수 있어. 스파이니 랍스터는 세계 전역에 서식하고 있어서 식자재로 많이 쓰여. 랍스터와 달리 양식이 쉬워 베트남 등지에서 대규모 양식을 해.

2006년 학술잡지 네이처에서 스파이니 랍스터의 능력에 관한 과학 실험 결과를 보고, 나는 놀랐어. 스파이니 랍스터를 상대로 잠복기가 6주로 상당히 긴 바이러스(PaV1) 감염병 실험을 했대. **스파이니 랍스터는 집단생활을 해**(p. 109). 그런데 동료가 바이러스에 감염되면, 증상이 발현되기 훨씬 전부터 이들을 구분하고 피한다는 거야. 코로나 때 '무증상'이란 말이 유행이었잖아. 사람은 PCR 검사를 해야 무증상자의 바이러스 감염 여부를 확인할 수 있었어. 그런데 스파이니 랍스터는 그런 것을 하지 않고도 증상이 없는 동료의 바이러스 감염 사실을 어떻게 아는지 신기하지 않니?

더 흥미로운 건, 감염된 스파이니 랍스터는 다른 감염된 개체들을 구분하고 피하지 않는다는 거야. 이미 감염되었으니 피해 봐야 소용없다는 사실을 알고 하는 행동인 걸까? 참으로 영특하지 않니?

스파이니 랍스터의 또 다른 놀라운 능력에 관한 연구 결과도 있어. 멕시코만 캐러비안 지역의 스파이니 랍스터는 계절에 따라 집단으로 줄을 이어 200km를 이동한다고 해. 어떻게 목적지를 찾아가는지 궁금한 과학자들이 스파이니 랍스터가 지구 자기장을 이용해서 위치와 방향을 파악하는 능력이 있는지를 연구한 거야.

스파이니 랍스터 (벨리즈, 2014)

1단계로 스파이니 랍스터를 채취해서 밀폐된 플라스틱 통에 넣어 수십 킬로미터 멀리 떨어진 장소로 옮겨서 풀어 놓았더니 정확하게 채취된 장소, 즉 자기들이 살던 장소 방향을 찾아가더래. 2단계 실험은 스파이니 랍스터를 옮기는 통에다 자석으로 인공적으로 자기장을 만들고 공중에 매달아서 돌리면서 옮긴 다음에 풀어 준 거야. 스파이니 랍스터가 옮긴 위치나 방향을 헷갈리게 만든 거지. 그래도 랍스터는 모두 제 방향을 찾아갔어. 마지막으로 스파이니 랍스터를 다른 장소로 옮긴 다음, 원래 살고 있던 지역보다 400km 남쪽의 장소에 해당하는 강도의 인공 자기장에 노출하거나 반대로 400km 북쪽의 장소에 해당하는 인공 자기장에 노출했대. 그랬더니 자기가 살던 곳보다 북쪽의 자기장에 노출하면 남쪽으로 이동하고, 반대로 남쪽의 장소에 해당하는 인공 자기장에 노출하면 북쪽으로 이동하는 것을 확인한 거야.

그러니까 스파이니 랍스터는 자기가 살고 있는 바닷속 지형지물이나 주변 환경의 차이를 감지해서 방향을 찾는 것이 아니라, 지구 자기장을 정밀하게 감지할 수 있고 그 차이를 활용해서 위치와 방향을 판단하고 있다는 것이지.

새들도 이런 능력을 갖추고 있는 것으로 알려졌지만, 스파이니 랍스터는 깊은 바닷속에서도 지구의 자기장을 정확하게 감지한다는 사실이 더욱 놀라워. 인공위성 신호를 활용해서 위치를 추적하는 내비게이터 수준과 다를 바가 없는 정밀도란다. 더구나 자기장은 해마다 수 킬로미터씩 변화하는데 어떻게 그것을 해마다 보정하는지 아직도 과학적으로 미스터리야.

인간은 유전공학이나 인공위성을 통해 겨우 하는 것을 스파이니 랍스터는 아무런 도구 없이 본능적으로 쉽게 하니 참 놀랍지. 우리가 스파이니 랍스터를 잡아먹을 수는 있지만, 우리가 더 진화한 동물이고 그래서 우월하다고 주장할 수 있는지 의문이 들어. 모든 생물은 그의 관점에서는 자기가 가장 진화한 생물이며, 그래서 모두 존엄한 존재가 아닐까 싶어.

▶ **집단 생활을 하는 스파이니 랍스터** (인도네시아 라자암팟, 2016)

▶ **안테나 같은 거대한 더듬이** (벨리즈, 2014)

최고의 리듬체조 선수, 리본 일

지금은 은퇴했지만, 리듬체조 손연재 선수 인기는 대단했어. 리본, 곤봉, 후프, 공 등을 갖고 하는 리듬체조는 선수의 몸과 도구가 조화를 이루면서 아름다운 율동을 만들지. 특히 리본의 움직임이 만드는 곡선이 참 아름다운 것 같아. 나는 이 세상에서 가장 멋진 리본 연기를 펼치는 바다생물을 알고 있어. 바로 리본 일(Ribbon Eel)이야.

물고기가 리본 연기를 펼친다니, 놀랍지? 리본 일은 밤에 활동하고 낮에는 대부분 모래나 진흙 바닥 구멍에서 고개만 내밀고 살아서 좀처럼 전체 몸을 볼 수 없단다. 하지만 나는 정말 운 좋게도 구멍에서 나와 헤엄치는 리본 일의 모습을 보았어. 너무 아름다워 나는 홀린 듯 쏜살같이 좇아가서 사진을 찍었어. 그때 봤던 리본 일의 아름다운 율동은 말로 표현하기 어려울 정도야. 리본 일은 이런 몸의 율동을 이용하여 앞으로도 뒤로도 갈 수 있어. 어때, 아름다운 리듬체조 선수 같지 않니?

리본 일은 여러모로 신기한 동물이야. 리본 일은 **어릴 땐 검은색**(p. 112), 성장하면 파란색, 더 크면 노란색으로 변해. 더 신기한 점은 **파란색 리본 일은 수컷**(p. 113)인데, **노란색 리본 일은 암컷**(p. 113)이라는 거야. 리본 일은 어린 시절을 지나 일정한 크기로 자라면 수컷 생식기관이 작동해서 정액을 생산하면서 수컷이 되고, 더 커지면 수컷 생식기관은 작동을 멈추고 암컷 생식기관에서 알을 생산하면서 암컷이 되는 거야. 나는 처음 이 사실을 알고 입을 다물지 못했단다. 사람은 한평생을 여성, 남성으로만 사는데……. 리본 일은 둘 다 살아보는 것이니 그것도 참 특별한 경험이겠다 싶었어. 파란색 리본 일은 최대 길이가 약 90cm, 노란색은 약 1.3m야.

리본 일은 장어, 그중에서 **곰치**(Moray Eel)(p. 114)의 일종이야. 장어는 '긴 물고기'라는 한자어야. 장어는 그 종류가 800여 종이나 되는데 5cm부터 4m가 되는 긴 장어도 있어. 장어류는 등지느러미와 꼬리지느러미가 하나로 합쳐져 있단다. 곰치는 대부분 종이 생김새가 다소 험악한 인상을 주는데, 리본 일은 특이하게도 예외야. 우리말로는 색댕기곰치라고도 해. 나는 참 예쁜 말로

번역했다고 칭찬해 주고 싶어.

장어(eel) 중에서 리본 일만큼 신기한 종류는 '가든 일'이야. 하루는 다이빙하다 꽤 넓은 모랫바닥에 촘촘하게 가늘고 긴 막대기처럼 생긴 물체가 조류에 의해 이리저리 흔들리는 거야. '뭐지?' 가까이 갔더니 순식간에 일제히 사라져 버렸어. '헛것을 봤나?' 하며 돌아서는데 다시 뭔가가 바닥에서 일제히 솟아올랐어. 마치 정원에 심겨 있는 화초 같았어. 그래서 그런지는 모르겠지만 이름이 '정원의 장어'라는 뜻을 가진 **가든 일(Garden Eel, 정원장어)**(p. 115)이야. 크기는 대개 60cm 정도인데, 어떤 종은 1m가 넘는 경우도 간혹 있어.

바다에서 얼굴만 내밀고, **마치 통나무처럼 꼼짝하지 않는 장어**(p. 114)도 있어. 밤에는 밖으로 나와 먹이를 구한다는데, 낮에는 왜 머리만 내놓고 있는지, 무엇을 하는지 참 궁금해. 이 친구들은 뱀장어(Snake Eel)에 속한 종류지만 알려진 정보가 거의 없어. 식용이나 다른 용도로 사용되지 않아서 그런지 사람들도 관심이 없어 보여. 요즘 멸종되는 동물이 많잖아. 어떤 종류의 장어는 식용으로 남획돼서 개체 수가 많이 감소하고 있다고 해. 반면에 식용으로 가치가 없는 종은 그렇지 않다고 해. 사람이 관심을 가지면 위험에 빠진다니, 얼마나 미안한 일이니? 사람들의 관심이 먹기 위한 것이 아니라 그들을 보호하기 위한 관심으로 바뀌면 좋겠어.

▶ **리본 일이 어릴 때는 검정색**(인도네시아 발리, 2016)

▶ **노란색 리본 일은 암컷**(인도네시아 렘베, 2017)

▶ **파란색 리본 일은 수컷**(인도네시아 렘베, 2015)

▶ 스네이크 일(인도네시아 렘베, 2014)

▶ 곰치(필리핀 말라파스쿠아, 2015)

▶ 가든 일 서식 장소(하와이, 2015)

▶ 가든 일(인도네시아 렘베, 2017)

화려한 19금, 만다린피시

19금은 어린이들이 보지 못하잖아. 바다에서도 19금 생물이라고 할 수 있는 친구가 있는데 이름이 만다린피시(Mandarinfish)야. 이 친구들은 짝짓기가 워낙 독특해, 그래서 이 친구들의 특별한 짝짓기가 다이빙 프로그램으로 만들어지기까지 했단다. 만다린피시는 옛 중국의 고위 관리들이 입던 화려한 관복을 연상시킨다고 해서 그런 이름이 붙었어. 아름다운 물고기 중 하나여서 그 생김새만으로도 사람들의 호기심을 불러일으킨단다. 바다생물 중에서 흔치 않은 파란색에 예쁜 주황색 라인 무늬가 선명하고 노랑, 초록, 파랑, 보라색 반점과 얼룩무늬가 곳곳에 장식되어 있어 아주 화려해. 이렇게 아름다운 바다생물의 짝짓기라니, 그 누구라도 호기심이 생기겠지.

만다린피시는 5cm 정도야. 이 친구들은 주로 산호가 죽거나 부서져서 쌓여 있는 곳에 살면서 좀처럼 밖으로 나오지 않아. 그래서 눈에 잘 띄지 않는단다. 그렇지만 수심이 5m 정도 되는 얕은 곳에 살고, 일정한 장소에서 살아서 그 지역 가이드의 안내를 받으면 만다린피시의 짝짓기를 볼 수 있어. 그런데 문제는 짝짓기가 어두울 때 이뤄진다는 데 있어. 어두워서 안 보인다고 밝은 빛을 비추면 짝짓기를 하지 않아. 그런데 만다린피시는 붉은색 조명은 의식하지 않아. 신기하지? 그래서 붉은색 조명을 이용해서 만다린피시의 짝짓기를 구경하고 사진도 찍는단다. 그렇다고 모든 만다린피시가 그런 건 아닌 것 같아. 어떤 지역의 만다린피시는 예민해서 붉은색 조명만 켜도 짝짓기하지 않는 것도 보았거든. 그럴 땐 어둠 속에서 어슴푸레 보는 것으로 만족할 수밖에 없어. 이때는 사진도 안 찍어. 빛이 없는 상황에서 움직이는 피사체에 어떻게 초점을 맞춰 사진을 찍겠어.

나는 만다린피시의 짝짓기를 보거나 수중사진을 찍으면 혹시 만다린피시의 생태에 악영향을 줄 수도 있지 않을까 싶어서 자료를 열심히 찾아보았지만, 관련 자료는 없었어. 다만 만다린피시를 보기 위해 다이빙하는 장소가 오랜 세월 동안 변하지 않고 있는 걸 보면 별문제는 없어 보여. 하긴 나 같은 수중사진가들은 밝은 빛을 비추거나 소란스럽게 하지 않고 아주 조심스럽게

만다린피시의 짝짓기 (필리핀 모알보알, 2015)

숨을 죽이며 짝짓기 장면을 보기 때문일 수도 있어.

만다린피시의 짝짓기는 해가 막 지고 어두워질 때 이뤄지지. 아주 어두워지면 아예 숨어 버려. 그래서 해가 지기 조금 전에 시작해서 어두워지면 끝나는 선셋 다이빙을 하면서 구경한단다. 만다린의 짝짓기는 수컷들이 산호들 사이를 이리저리 왔다갔다하면서 의식이 시작돼. 어두운데 어떻게 수컷과 암컷을 구분하느냐고? 어렵지 않아. 수컷이 암컷보다 체구가 훨씬 크고 (p. 119) 부지런히 움직여서 쉽게 구별이 돼.

아무튼 수컷들은 이리저리 분주하게 휙휙 돌아다녀. 그러다 마음에 드는 짝을 찾으면 둘이 배를 맞대고 살며시 산호 위로 떠오르기 시작한단다. 파르르 떠는 듯하면서 30cm 이상, 때로는 그보다 훨씬 높이 천천히 떠올라. 그러다가 어느 순간 절벽에서 추락하듯이 총알처럼 아래로 떨어져. 그 짧은 순간에 알이 수정되어 공중으로 흩어지지. 이 광경을 처음 보는 다이버들은 생명의 신비에 몹시 감동해서 오래오래 잊지 못할 추억으로 간직한단다. 어때, 수중탐험을 하고 싶지 않니? 사진은 암수 짝이 제일 높이 떠오른 순간에 셔터를 눌러야 이들의 모습을 가장 멋지게 촬영할 수 있어. 그 짧은 순간을 놓치면 촬영 기회가 사라지니 사진 찍을 때마다 긴장되곤 해.

화려하며 예쁜 만다린피시를 수족관에서 키우려고 남획하는 경우가 허다해. 사람들은 만다린피시가 수족관에 적응하지 못해서 오래 살지 못한다는 사실을 모르고 있어. 예쁜 야생화를 꺾어 집에 가져가봤자 금방 시들어 죽어버리는 경우와 다를 바 없어. 그냥 사는 곳에 살게 두고 생각날 때마다 구경하러 가면 얼마나 좋아. 예쁘다고 억지로 자기 집에 키우려고 하다가 생명을 위협하는 것은 참아야 하는 일 아닐까?

아름다운 자태와 신기한 짝짓기까지, 온몸으로 다이버들을 즐겁게 해주는 만다린피시에게 그저 감사할 따름이야. 그렇다고 바다에서 만다린피시를 만났을 때 악수를 청하면 안 돼. 만다린피시의 피부 점액에서 고약한 냄새가 나고, 지느러미 촉수에 독이 있기 때문이야. 유난히 아름다운 식물이나 동물은 오히려 독을 품고 있는 경우가 많다는 사실을 명심하면 좋겠어.

▶ 화려한 만다린피시 (인도네시아 렘베, 2016)

▶ 수컷 만다린피시 (인도네시아 렘베, 2016)

예쁨 - 화려한 19금, 만다린피시 119

잊기 쉬운 연인, 버터플라이피시

열대 바다에 들어가면 가장 먼저 눈에 띄는 예쁜 물고기들의 상당수는 버터플라이피시(Butterflyfish)야. 노란색, 흰색, 검은색, 오렌지색, 붉은색 등이 어우러진 화사한 모습을 뽐내는 아름다운 친구들. 얇은 원판 모양의 몸으로 하늘하늘 날아다니는 것 같아 나비를 연상시켜. 이름대로 나비처럼 예쁜 버터플라이피시. 120여 종이 있단다.

몸에 가는 줄무늬나 넓은 밴드 모양의 무늬가 있거나 큼직한 반점 등이 있어. 특히 대부분 눈에 짙은 색의 무늬가 있어서 눈동자가 잘 보이지 않아. 몸통 다른 곳에 검은색 반점이 있기도 해. 이건 포식자가 버터플라이피시의 눈을 못 찾게 만들기 위해서야. 그 덕에 버터플라이피시는 치명상을 예방할 수 있어. 나는 이 사실을 알고 생명의 신비함을 다시 한번 느꼈지.

그동안 찍었던 수중사진을 보는데, 버터플라이피시 사진이 의외로 매우 적어서 깜짝 놀랐어. '아니 가장 흔하고 예쁜 바다생물인데, 왜 사진이 별로 없지?' 하며 기억을 더듬었어. 사실 버터플라이피시는 수줍음을 많이 타. 그리고 주변에 항상 사진 방해물이 있어서 좋은 장면을 찍기가 수월하지는 않아. 그렇지만 워낙 흔한 바다생물이어서 '다음에 찍지 뭐' 하며 뒤로 미루곤 한 거야. 나는 점점 발견하기 어려운 바다생물에 대한 관심이 높아졌거든. 그래서 주로 그런 친구들을 찾아 사진을 찍었어. 바닷속에 처음 들어갔을 때는 감탄을 자아내던 버터플라이피시였는데, 자주 다이빙을 하면서 관심 밖으로 밀려난 거야.

사람도 비슷한 거 같아. 늘 곁에 있었던 친한 친구나 사랑하는 사람일수록 소중한 걸 깜박 잊고 지내는 것 같아. 그러다가 막상 떠나고 나면, 그 사람과 함께한 사진이나 특별히 기억될 추억을 만들지 못했다며 후회하잖아. "있을 때 잘 해"라는 말처럼 버터플라이피시를 평소에 많이 찍어둘걸, 후회했어.

버터플라이피시는 대부분 얕은 바다 암초 지역의 바위나 산호 틈에서 살아. 주로 낮에 활동하고 밤에는 바위틈에서 숨어 지내지. 이곳저곳 옮겨 다니지 않고 한곳에 머물며 사는 정주형 물고기야. 보기에도 그렇지만 실제로

무척 연약해서 포식자의 눈에 띄지 않으려고 노력한단다. 사는 곳에 맞춰 몸통은 납작하고, 작은 먹이를 쪼아 먹기 좋게 입은 뾰족하지. 이것도 살아가기 위한 한 방법이야.

입이 가장 뾰족한 종류는 **롱노즈 버터플라이피시**(Longnose Butterflyfish) (p. 123)와 그보다 더 뾰족한 빅 롱노즈 버터플라이피시(Big Longnose Butterflyfish) 야. 두 종이 비슷하게 생겨서 구분하기 쉽지 않아. 동남아시아 바다에 서식하는 종류는 빅 롱노즈 버터플라이피시인데, 턱밑에 검은 반점이 여럿 있는 걸로 구분해.

버터플라이피시는 혼자나 짝을 이뤄 살기도 하고, 무리를 이뤄 사는 경우도 많아. **스쿨링 배너피시**(Schooling Bannerfis)(p. 125)가 가장 대표적인데, 아주 많은 개체가 모여 살아서 멋진 장관을 연출하지. 스쿨링은 '떼를 지어 산다', 배너는 '현수막'처럼 생겼다는 뜻이야. 스쿨링 배너피시의 길게 늘어진 등지느러미가 무척 특이해. 멋도 있어 눈에 확 뜨이지. 한 마리 한 마리가 멋있는데, 수많은 스쿨링 배너피시가 모여 있다고 상상해 봐. 얼마나 멋지겠니? 다이빙할 때 이 친구들을 만나면 예쁜 아기천사와 함께 공중에 떠 있는 느낌이라니까!

스쿨링 배너피시와는 전혀 다른 어류인데도 매우 닮은 **무리쉬 아이돌** (Moorish idol, 깃대동)(p. 125)이라는 친구가 있어. 나도 처음에 꽤 오래도록 두 친구를 같은 종류로 혼동했어.

무리쉬 아이돌은 코 위쪽에 노란 무늬가 있고 몸에도 노란 무늬가 있어. 어느 날, 이 차이점을 정확하게 알고부터 다시는 혼동하지 않아. 대충 알면 구분하기 어렵지만, 정확하게 알면 사실과 거짓을 쉽게 구분할 수 있지. 나는 그게 세상 이치이기도 하다고 생각해.

버터플라이피시는 물속에서 그냥 알을 산란하는 방식으로 생식을 한단다. 그래서 알이 플랑크톤처럼 둥둥 떠다니니까 다른 생물들의 먹이가 되곤 해. 그래서 생존율이 무척 낮아. 이래서 종족 보존이 가능할까 싶지만 일단 부화하면 치어가 다 자랄 때까지 몸 전체가 단단한 골판 같은 물질로 둘러싸여지네. 모든 생물은 나름대로 자신을 보호하는 방식이 있어.

▶ 스폿 테일 버터플라이피시 (Spot-Tail Butterflyfish, 필리핀 수밀론섬, 2016) ▶ 오네이트 버터플라이피시 (Ornate Butterflyfish, 하와이 코나섬, 2015)

▶ 롱노즈 버터플라이피시 (하와이 코나섬, 2015)

버터플라이피시는 연약하지만 바다 생태계에서 생존하려고 혼신의 노력을 했고, 그 결과가 지금의 생김새와 생식 방식인 거야. 나는 처음에 예쁜 버터플라이피시가 무척 애처로운 존재라는 생각을 했어. 가진 것 없이 태어나 연약한 사람이 애처로운 것처럼 말이야. 그런데 버터플라이피시는 10년이라는 적지 않은 평균 수명을 갖고 있어. 이 사실을 알고부터 내 생각이 바뀌었어. 지구상의 모든 생물은 각자 살아가는 방법이 있다는 걸 깨달았지. 힘이 없이 태어났어도 지혜롭게 행동하면 충분히 오래 살아 나갈 수 있는 게 자연이니 정말 신비롭지 않니?

연약하지만 나름 기특하게 잘 살아가는 예쁜 버터플라이피시. 사랑과 희망이란 단어를 떠올리게 하는 바다생물. 앞으로 사진 많이 찍어 남기려고 해.

▶ 콧등에 노란 무늬가 있는 무리쉬 아이돌(하와이 코나섬, 2015)

▶ 스쿨링 배너피시(인도네시아 라자암팟, 2016)

어른보다 훨씬 우아하고 위엄 있는 어린 배트피시

지구상에 존재하는 생물들의 대부분이 어린 개체는 작고, 귀엽고, 발랄한 모습을 하고 있잖아. 근데 바다생물 중 어릴 때가 어른 때보다 생김새나 동작이 훨씬 우아하고 위엄 있어 깜짝 놀랐던 경험이 있어.

어떤 친구인지 궁금할 거야. 바로 배트피시(Batfish)야. 내가 바닷속에서 어린 배트피시를 처음 보았을 때의 기억이 지금도 또렷해. 캄캄한 작은 동굴이었는데, 어둠 속이라 몸통은 보이지 않고 몸체 둘레만 황금색 불빛처럼 빛이 났어. 무척 신기해서 나도 모르게 얼른 사진을 찍었지, 모델이 워낙 특이해서 그런지 똑딱이 수중 카메라로도 꽤 그럴듯한 사진(p. 128)을 얻었단다.

나는 사진을 보고 "아니, 이게 정말 물고기야" 하고 탄성을 질렀지. 더구나 다 자란 물고기가 아니고 아직 어린 거라고 해서 더욱 놀랐단다. 매우 느릿느릿 움직이다가 어느 순간 살짝 몸을 틀어 도도하게 서 있곤 했는데, 그 우아함이 말로 표현하기 어려웠어, 격식에 맞춰 잘 차려입은 왕족이 백성들 앞에서 이쪽저쪽 돌아가며 포즈를 취하는 느낌이야! 잊기 힘든 멋진 사진 모델이었지.

성체인 배트피시는 종종 볼 수 있지만 어린 배트피시는 만나기가 쉽지 않아. 어쩌다 만나는 행운이 찾아오면 나는 넋 놓고 바라보느라 시간 가는 줄 모르다가 화들짝 놀라 사진을 찍곤 했어. 지느러미가 얼마나 길고 큰지 몸 전체를 사진 안에 담기가 힘들어. 또 나를 놀라게 한 다른 종류의 어린 배트피시. 옆 사진의 주인공이지. 이 아이는 희고 섬세한 선으로 만들어진 얼룩무늬 옷을 입고 있어. 꼭 하늘을 나는 새 같았지.

어린 배트피시는 종에 따라 모습이 뚜렷하게 구분되지만, 막상 성체가 되면 모습이 비슷해서 구분하기가 다소 어려워. 몸통은 접시처럼 납작해. 배트피시의 학명인 'Platax'의 어원도 납작하다는 뜻을 가진 그리스어야. 등지느러미와 뒷지느러미가 커서 옆에서 보면 삼각형 모습이야.

몸통은 반짝이는 은색이 기본이고 종에 따라 부분적으로 옅은 노란색, 드물게는 옅은 보라색을 띠고 있어. 대부분 눈이 있는 부위에 검은색 무늬가

어린 바타비아 배트피시 (Juvenile Batavia Batfish, 인도네시아 렘베, 2013)

수직으로 지나고 있지. 다 자라면 종에 따라 몸길이가 40에서 70cm에 달한단다. 다른 데보다 입은 앙증맞을 정도로 작아.

배트피시는 **떼를 지어 몰려다니기도**(p. 129) 하고, 어떤 종은 **혼자나 두어 마리만 같이 다니기도**(p. 129) 해. 몸짓이 우아하고 동작이 유연해서 함부로 대하기가 어렵더라. 품위가 느껴져서 말이야.

이 친구들은 다이버들에게 좀처럼 곁을 내주지 않아. 그래서 가까이서 사진 찍을 기회가 좀처럼 없었어. 그래도 굴하지 않고 여러 차례 시도한 덕분에 몇 번 멋진 기회를 얻긴 했어.

다이빙하면서 종종 만나는 배트피시이지만 이 친구들에 대한 학술적 정보를 찾아보니 알려진 내용이 거의 없었어. 참 의외지? 배트피시는 스페이드피시(Spadefish)의 일종인데, 이름을 혼용해서 쓰기도 해. 스페이드피시는 생김새가 삽과 같다는 뜻이야. 그런데 우리나라에서는 '활치'라고 해. '활 모양으로 생긴 생선'이라는 뜻이야. 같은 생물을 보고도 서양인들은 삽처럼 생겼다, 우리는 활처럼 생겼다 하니 재미있지 않니? 아마 서양인들은 농부의 자손이고 우리는 사냥꾼의 자손인가 봐.

생애 처음 만났던 어린 배트피시(인도네시아 롬베, 2012)

▶ 홀로 유영하고 있는 배트피시 (몰디브, 2019)

▶ 떼를 지어 다니는 배트피시 (인도네시아 부나켄, 2013)

멋쟁이 사진모델 누디브랜치

유난히 사진이 예쁘게 나오는 사람이 있는 것처럼 바다에도 그런 생물이 있어. 그중에서 누디브랜치(Nudibranch, 갯민숭달팽이)가 대표적이라고 생각해. 하긴, 누디브랜치뿐 아니라 바다생물은 실물보다 사진이 훨씬 아름답게 나오는 경우가 대부분이야.

사람의 눈은 가시광선만 인식할 수 있는데, 바닷속에서는 파장에 따라 흡수되는 정도가 달라서 우리 눈에는 바다생물의 색깔이 왜곡되어 보인단다. 파장이 긴 빨간색은 가장 먼저 흡수되므로, 수심이 조금만 깊어져도 빨간 바다생물이 검게 보여. 빨간색이 없어진다고 생각해 봐. 실제보다 덜 예쁘게 보일 것은 당연하겠지?

바닷속은 햇빛이 절대적으로 부족해서, 스트로보라고 부르는 장비로 조명을 터뜨리면서 수중 촬영을 해. 이 조명 덕분에 사람들은 바다생물의 원래 색깔을 제대로 알아볼 수 있어. 그러다 보니 찍은 사진을 확인하면서 "와, 이렇게 아름다운 색깔이었어?" 하고 감동하는 경우가 많아. 누디브랜치의 색깔이 다양하고 화려한 경우가 많아 더 그런 것 같아.

누디브랜치는 상대적으로 움직임이 아주 느린 바다생물이야. 그래서 다이버가 상대적으로 편하게 촬영할 수 있는 좋은 모델이지. 빠르게 움직이는 바다생물은 조금만 늦게 셔터를 눌러도 뒤통수나 꼬리만 찍히는 경우가 많거든. 그래서 누디브랜치는 특별한 소질이나 경험이 없어도 웬만하면 예쁜 사진이 나와. 다이버들이 그래서 누디브랜치 사진찍기를 특별히 더 좋아하는 건지도 모르겠어.

누디브랜치는 바닥에서 느리게 움직이지만 간혹 물속에서 헤엄치는 경우도 있단다. 그럴 때는 마치 치마를 펄럭이며 춤을 추는 댄서 같아. '스페니시 댄서'라고도 불리는 누디브랜치도 있어. 그 친구 사진은 얼마나 멋지겠니? 나는 2022년에 <800번의 귀향>이라는 제목으로 수중사진 개인 전시회를 했는데, 많은 작품 중 '플라멩고'라는 제목을 붙인 누디브랜치 사진(p. 135)이 가장 인기였어. 야간 다이빙을 하다가 물속을 헤엄치던 누디브랜치를 발견해서 촬

몸을 세운 누디브랜치 (인도네시아 렘베, 2017)

영한 사진이야. 그 후에도 여러 번 같은 누디브랜치를 만났지만 그렇게 아름다운 춤 모습을 다시 보기는 어렵더라. 그만큼 신기한 모습이어서 인기가 높았을 거야.

　　누디브랜치는 수천 종으로 다양해서 다이빙 경험이 아무리 많아도 끊임없이 새로운 종을 만난단다. 나도 아직 구경 못 한 누디브랜치가 헤아릴 수 없게 많아. 그래서 다이빙을 계속 하게 되기도 해. 그리고 새로 만난 누디브랜치가 어느 종에 속하는지 몰라 도감을 열심히 뒤지며 공부하게 만들지. 이래저래 누디브랜치는 많은 다이버의 마음을 사로잡기 때문에 수중사진가들이 열광하는 모델이 될 수밖에 없어.

　　누디브랜치의 우리나라 이름은 '갯민숭달팽이'야. 바다에 사는 민달팽이라는 뜻이지만, 육지의 민달팽이와는 관련이 없어. 그렇지만 그 이름에서 알 수 있듯이 몸을 보호할 수 있는 딱딱한 껍질이 없다는 건 같아. 누디브랜치 중 일부는 주변과 아주 흡사한 모양의 위장술과 보호색으로 자신을 보호하기도 해. 그러나 주변 환경과 뚜렷하게 구분되는 화려한 색깔과 모습을 갖고 있는 경우가 더 많아. 그렇게 눈에 잘 띄는 모습이면 천적으로부터 위험하지 않을까 걱정할 수 있는데, 나름대로 자신을 보호하는 수단은 있단다. 화려한 색을 띠고 있으면 독성이 있거나 최소한 아주 고약한 맛이 나. 그래서 다른 생물들이 경계하게 만들고 자신을 건드리지 않게 하는 역할을 해. 버섯도 그렇잖아. 독버섯이 얼마나 예쁘니! 겉이 화려한 것은 그만큼 조심해야 해. 세상 이치가 그렇다고 나는 생각해.

　　누디브랜치는 몸을 둘러싸고 있는 여러 기관의 모양이 제각각이어서 도저히 같은 종이라고는 믿기 어려운 경우가 많아. 상상을 초월할 정도로 기발하고 아름다운 누디브랜치를 만나면 감격해서 온몸에 전율이 오고 떨리기도 해. 몸을 보호하던 단단한 껍질이 없어지는 대신 독성이 있는 화학물질과 색깔로 자신을 보호하는 방식으로 바뀌다 보니, 아주 다양하고 특이한 모습으로 진화한 게 아닐까 싶어.

　　그래도 자세히 살펴보면 누디브랜치도 공통적인 구조로 되어 있어. 머리쪽에 코뿔소처럼 앞으로 튀어나온 두 뿔은 나방의 더듬이처럼 감각기관 역할

▶ 아가미 역할을 하는 기관이 꼬리처럼 달려있는 도리드 누디브랜치 (렘베, 2017)

▶ 아가미 역할을 하는 기관이 몸통에 여럿 달려 있는 애오리드 누디브랜치 (렘베, 2016)

을 하지. 누디브랜치는 이것으로 냄새를 맡고, 주변을 탐색하며 먹이를 찾는단다. 몸체는 딱딱한 껍질이 없는 민달팽이 모습으로 근육 수축이나 섬모 운동을 통해 앞으로 나가. 누디브랜치는 뒤태에 따라 크게 두 개로 분류하기도 해. 뒤 아가미 역할을 하는 기관이 꼬리 쪽에 복슬복슬하게 뭉쳐 있는 종류도 있고, 손가락처럼 가늘고 긴 형태로 몸통 전체에 달려 있는 종류도 있어. 앞의 종류를 도리드 누디브랜치(Dorid Nudibranch)(p. 133), 뒤의 종류를 애오리드 누디브랜치 (Aeolid Nudibranch)(p. 133)라고 해.

누디브랜치는 자웅동체라 양성의 생식기관을 가지고 있지만, 스스로 수정하지는 못하고 짝짓기의 상대가 있어야 한단다. 암수가 짝짓기하면서 서로 정액을 상대에게 주입하고 각각 알을 낳아. 자기 몸에 있는 생식기관끼리 수정하는 것보다 개체의 다양성을 유지하는 측면에서 훨씬 유리한 방법이기 때문일 거야.

누디브랜치 먹이는 말미잘, 산호, 해조류, 해면동물 등 다양하며 심지어 다른 누디브랜치를 먹기도 해. 특이하게 딱 한 가지 먹이만 먹는 종도 있어. 누디브랜치는 자신의 먹이로부터 색깔을 얻는데, 주변과 어울리는 보호색이야. 이 역시 자연의 신비야.

누디브랜치는 자신이 속한 생물계에서는 가장 많이 진화가 이뤄진 종으로 평가되고 있어. 예쁘고 멋진 착한 모델 누디브랜치를 촬영하면서 자신의 사진 실력을 발전시켜 나가는 수중사진가가 많아. 그러다 보니 누디브랜치의 아름다움을 찬양할 수밖에 없지. 나아가 바다생물을 사랑하게 되는 계기가 돼. 더욱이 누디브랜치는 세계 어느 바다에서나 쉽게 만나 아름다움을 감상할 수 있어서 더욱 고마운 바다생물이야.

예쁨 - 멋쟁이 사진모델 누디브랜치

바다생물 만나러 가자

● 아름다운 바다생물을 보면 사진으로 담고 싶은 욕심이 생긴단다.
, 아름다운 자연을 봤을 때, 사진에 담고 싶은 마음과 똑같아.
 그리고 사진에 찍힌 바다생물을 더 알고 싶어서 공부도 하게 돼.

안전 장비를 잘 챙겨야 해

많은 사람이 스쿠버 다이빙과 스킨 다이빙의 차이점을 잘 모른단다. 나도 처음에 그랬지. 스노클, 마스크와 핀(오리발)을 착용하고 물 표면이나 수심 10미터 이내에서 하는 활동은 스킨 다이빙, 거기에다가 물속에서 호흡할 수 있는 장비까지 착용해서 수십 미터 깊은 바다까지 내려가는 거는 스쿠버 다이빙. 분명 차이점이 있어. 이제 확실히 구분이 될 거야. 스쿠버 다이빙과 스킨 다이빙을 함께 말하는 것이 스킨 스쿠버야.

스쿠버 다이빙은 안전을 위해 자격증을 취득해야 하지만, 스킨 다이빙은 특별한 자격증이 필요하지 않아. 정부에서 이들을 법적으로 강제하지 않지만, 다이버들 스스로 민간 협회를 통해 자율적으로 규제를 한단다. 그래서 자격증 없이는 그 어느 곳에서도 공기통을 대여받지 못해. 다이빙을 하기 위한 기본적인 서비스도 받을 수 없는거야. 자격증이 있어야만 제대로 다이빙 활동을 할 수 있어.

▲ 수중 촬영을 위한 장비 허리에 다이버

스쿠버 다이버들은 온몸에 주렁주렁 많은 장비를 달고 있어서 몹시 불편해 보일 거야.

사실 다이빙을 처음 배울 때 장비를 착용하고 벗는 일이 가장 힘들었어. 그러나 이 모든 장비가 물속에서 나를 안전하게 오랜 시간 다이빙을 즐길 수 있게 돕는 생명 장치들이라 생각하면 불편한 마음은 사라지고 고마움을 가지게 된단다.

다이버가 되려면 여러 훈련을 받게 돼. 그중 가장 중요한 훈련이 이 장비들을 체계적이고 안전하게 사용하는 법을 습득하는 거란다. 몇 번의 훈련을 거치고 나면 이 장비들의 성능에 놀라고 만단다. 그리고 물속에서 안전하게 탐험할 수 있도록 장비를 만든 발명가들에게 머리가 숙여져.

무겁지 않냐고? 물론 무겁지. 하지만 육지에서는 무거운 장비들이 물속에 들어가면 부력 탓에 무게가 거의 느껴지지 않을 정도로 가벼워져. 믿지 못하겠다는 표정이구나. 그래도 사실이야.

물에 빠지면 무엇이 가장 위험한 줄 아니? 맞아. 숨쉬기야. 물속에서는 숨을 쉴 수 없어. 잠깐 동안은 가능해. 그러나 수십 분이나 한 시간은 어림도 없는 일이야.

그러니까 스쿠버 다이빙의 필수 조건은 물속에서도 육지처럼 편안하게 숨을 쉴 수 있어야 해. 긴 시간 동안 숨을 쉬려면 많은 공기가 필요하잖아?

오랜 시간 숨 쉴 수 있는 엄청난 부피의 공기를 그대로 물속으로 가지고 갈 수 없으니까, 공기를 압축해서 사용해야 해. 발명가들이 여기에 착안해서 높은 압력에 견딜 수 있는 알루미늄이나 강철로 통(실린더)을 만들어 여기에 공기를 압축해서 넣도록 했단다. 사람들은 이 공기통을 산소통으로 잘못 알고 있어. 나도 처음엔 산소통이라고 불렀다니까!

스쿠버 다이빙에서는 엔리치드 에어 나이트록스(Enriched Air Nitrox)라고 하는데, 산소의 농도를 일반 공기보다 약간 더 높인 30-32% 정도의 압축 공기를 사용하는 경우가 있단다. 하지만 의료용으로 사용하는 100% 가까운 산소와는 엄청난 농도의 차이가 있어서 산소통이라고 부를 수 없단다.

우리가 위급한 환자에게 사용하는 산소통으로 다이빙을 한다면 어떻게 될까? 물속에서 산소 과다 섭취로 인한 중독으로 극도의 위험에 빠질 염려가 있어. 절대 해서는 안 될 일이야. 그러니 스쿠버 다이버들이 사용하는 공기통을 산소통으로 잘못 알고 있었다면 빨리 바로잡아야 해.

공기통 안의 공기는 압력이 높아서 다이버가 숨을 쉴 때 호흡하는 양만큼씩 압력을 낮춰 공급하고, 내쉬는 숨은 자연스럽게 배출할 수 있도록 해주는 장비가 필요해. 이런 장비를 레귤레이터라고 하는데 두 단계로 나눠 작동해.

1단계	공기통에 부착해 압력을 낮춰준다.
2단계	입에 물고 호흡하는 데 사용한다.

공기통과 레귤레이터는 어딘가에 고정시켜야 사용하기 편하겠지? 이 장비가 'BCD'야. 배낭이나 조끼 형태로 상체에 입을 수 있어. 공기통과 레귤레이터는 물론 다이빙에 필요한 기타 장비를 부착하고 수납할 수 있도록 고리와 주머니 등도 달려 있단다. BCD는 물속에서는 부력을 조절할 수 있게 해주고 수면에서는 구명조끼 역할까지 해. 스쿠버 다이빙의 중심이 되는 장비라고 할 수 있어.

얼굴에는 마스크를 착용한단다. 마스크는 물속에서 눈을 뜨고 물체를 잘 볼 수 있게 해 주지. 수영할 때 쓰는 물안경이냐고? 아니야. 물안경은 눈만 가리잖아. 스쿠버 다이빙에 사용하는 마스크는 눈과 코를 가릴 수 있게 되어 있어. 물론 시력이 나쁜 사람들을 위해 도수가 있는 마스크도 있고.

▶ 레귤레이터, 보조호흡기 등이 부착되어 있는 BCD

물속에 오래 있으면 체온이 많이 떨어지잖아. 그래서 기포를 함유하고 있는, 보온성이 높은 합성 고무의 일종인 네오프렌 등의 소재로 만들어진 슈트를 착용해. 슈트의 두께가 얇을수록 착용이 편하지만, 온도가 낮은 물에서 다이빙할 경우에는 두꺼운 슈트를 착용해야 한단다. 두께가 3mm, 5mm, 7mm 슈트가 가장 많아.

바다 수온에 따라 입는 슈트가 달라져. 열대 바다에서는 물이 따뜻하니 팔과 발이 노출되는 짧은 슈트를 착용하기도 하고, 반대로 추운 바다에서는 슈트 안에 조끼를 더 입기도 하지. 우리 몸에서 열이 가장 많이 나오는 곳은 머리야. 그래서 머리에 후드를 쓴단다.

다이빙할 때 신을 신느냐고? 물론 맨발로도 다이빙을 할 수는 있지만, 핀(오리발)을 착용하면 훨씬 쉽고 빠르게 이동할 수 있으니 필수적으로 핀을 착용하도록 한단다. 발을 보호하려고 부츠를 신어.

맨몸으로 물위에 떠 있으면 가라앉지 않으려고 애쓰잖아? 그런데 다이빙 슈트와 장비를 착용하면 오히려 부력 탓에 물속으로 들어가기가 어려워. 그래서 납덩어리를 허리에 차거나 BCD에 부착하기도 해.

우리 몸은 갑작스러운 기압의 변화에 취약해. 그래서 물속으로 들어갈 때나 나올 때나 모두 서서히 해야 해. 물속에서는 아무것도 없어 공간감이 흐려져. 그래서 내가 어느 정도 깊이에 있는지 알 수가 없어. 또 물속에 들어와서 시간이 얼마나 지났는지도 알아야 해. 그리고 공기통에 들어있는 공기의 양을 알아야 내가 얼마나 더 있어도 되는지 알 수 있어. 그래서 수심과 다이빙 시간 등을 측정하는 다이브 컴퓨터, 그리고 남아 있는 공기량을 측정하는 공기 잔압계 등이 필요해.

▶ 스쿠버 다이빙 장비: 마스크, 핀(오리발)

그 외에 장애물을 제거하는 칼이나 가위, 수중 랜턴, 자신의 위치를 알리는 신호 튜브 등도 숙련된 다이버들이 갖추어야 하는 장비야.

지금까지 열거한 장비를 착용하면 물속에서 쾌적하게 장시간 있을 수 있어. 육지보다 더 편하게 있을 수 있고, 물구나무서기 등 어떤 포즈도 자유자재로 쉽게 취할 수 있지. 물속에서는 부력을 받으므로 무중력상태와 비슷하거든.

다이빙을 자주 그리고 장기적으로 하는 전문 다이버들은 자기 장비를 갖추고 있단다. 그런데 돈이 제법 많이 드니 대부분의 다이버는 다이버 센터에서 저렴한 비용으로 빌려서 사용해. 다이버 센터에서 무슨 일을 하는지 궁금하지? 장비와 공기통 빌려주는 일은 기본이고 안전하고 즐거운 다이빙을 할 수 있도록 안내를 해 주고, 다이빙 교육도 받도록 해 준단다. 그래서 모든 다이버가 다이버 센터를 이용해서 다이빙 활동을 해.

전 세계 다이버 센터의 정보가 인터넷에 워낙 잘 정리되어 있으니 다이빙할 장소를 선택한 뒤 그곳에서 평판이 좋은 다이버 센터를 찾아가면 더 할 나위 없지.

다이빙 교육을 맡은 강사들은 각자 자기가 속한 민간 협회가 있단다. 가장 널리 알려진 협회는 PADI를 비롯해 NAUI, SSI 등이 있어. 이들은 다양한 약자와 로고로 자신들의 협회를 표시한단다. 강사들은 각자 자신이 속한 협회에서 교육 자료를 공급받고, 교육내용을 표준화하며, 자신들의 역량이나 사업을 확장하기 위해 교류하고 협력해.

협회는 대부분 세계적으로 연결되어 있어서 어디를 가나 같은 협회에 속한 모든 강사는 동일한 교재와 내용으로 교육을 한단다. 일반 레저 다이빙을 할 때는 다이빙 센터를 방문하게 되는데, 반드시 자격증을 확인하고 서류를 작성하게 해. 모든 협회는 서로 상대를 인정해서 어떤 차별도 하지 않아. 다른 협회에서 교육을 받았어도 그 자격을 동일하게 인정해. 서로 신뢰하기 때문에 그런 거야.

▶ 다양한 다이빙 국제협회

Q: 어떤 사람들이 다이빙을 할 수 있나?

A: 스쿠버 다이빙은 안전한 스포츠라고 자신있게 말할 수 있어. 물속에는 중력이 부력으로 상쇄돼. 그래서 노약자, 장애인도 일반인처럼 다이빙을 즐길 수 있어. 물론 위험이 없는 건 아니야. 스쿠버 다이빙은 익숙하지 않은 물속에서 고립되어 이뤄지는 활동이므로 방심해서 실수를 저지르면 큰 사고로 이어질 수 있어.

그래서 만일의 사태에 대비해 스쿠버 다이빙을 할 때 꼭 짝을 이뤄서 다이빙을 해. 다이버들은 짝을 '버디'라고 불러. 다이버는 상대방이 공기가 고갈되었을 때 공기를 나눠줄 수 있도록 보조 호흡기를 필수적으로 갖춰야 해. 그래야 위급한 상황에 처했을 때 도울 수 있지. 동료를 돕는 장비를 필수적인 장비로 요구하는 것은 다른 스포츠에서 찾아볼 수 없는 스쿠버 다이빙만의 특징이야. 그래서 교육 과정에서도 서로를 돕고, 약속하고, 의사소통을 하는 수신호 등도 배우고 익힌단다.

Q 어떤 과정을 거쳐 다이버가 되나?

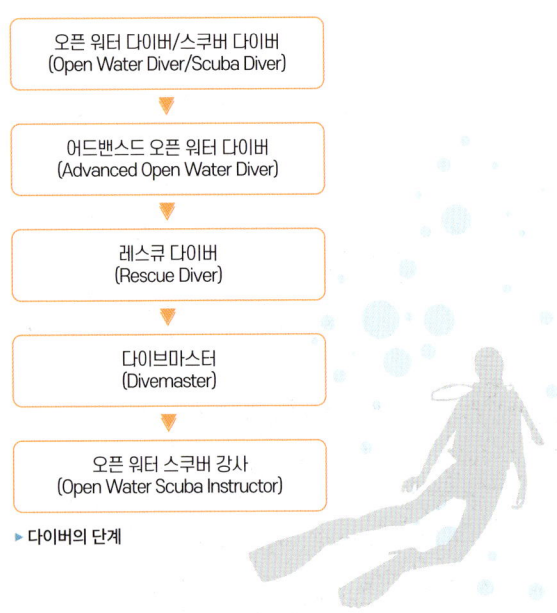

▶ 다이버의 단계

이론 교육받기

다이빙 기초가 되는 생리학, 물리학, 의학 등 이론 공부를 해. 아울러 바다에서 만날 수 있는 생물, 환경, 사고 등에 대해서도 공부하고. 아는 만큼 보이거든. 제대로 공부했는지 시험도 봐. 떨어질까봐 걱정할 필요는 없어. 붙을 때까지 재시험을 볼 수 있단다.

수영장에서 교육받기

많은 훈련 내용이 있지만 몇 가지만 소개할게. 다이빙 장비를 착용하고 사용하며 벗는 법을 배워. 그리고 마스크에 물이 들어오면 빼는 방법, 입에 물고 있는 호흡기가 빠졌을 때 찾아서 다시 입에 물고 원래대로 돌아가는 방법 등을 훈련해. 부력을 잘 맞추는 연습과 핀을 차는 훈련도 해. 바다에서의 훈련 전에 안전하고 편한 수영장에서 미리 해보는 것이라고 보면 돼.

바다에서 다이빙 교육받기

수영장에서 배운 훈련을 반복해서 해. 바다는 조류도 있고 수영장보다 여건이 좋지 않은데 거기서 다시 익숙해지는 훈련을 하는 거지. 그리고 실제 즐거운 다이빙도 즐기고. 이때 최소한 4번은 다이빙을 해야 해.

시험 치기

이론 시험과 실기 시험 모두 통과하면 오픈 워터 자격증을 받아. 이제부터 18미터까지 다이빙을 할 수 있는 자격을 얻은 거야. 힘은 좀 들지만 교육과정이 차근차근 진행되고 누구나 쉽게 익숙해질 수 있어서 자격증을 받지 못하는 수강생은 거의 없어.

이론 교육과 수영장에서의 훈련 그리고 실제 바다에서 다이빙 교육까지 모든 코스를 마치려면 4일 정도는 충실하게 교육을 받아야 해. 그런데 빨리 자격증을 따고 싶어서 속성으로 받으려는 사람이 많아. 일부 그런 것을 부추기는 곳도 있어. 그렇지만 바람직하지 않아. 속성으로 교육 과정을 끝낸다면 그만큼 부실하다는 증거라고 나는 생각해.

다이빙 교육은 혹시라도 일어날 수 있는 위험 요소를 제거하는 훈련이야. 바로 안전을 위한 교육이야. 안전조치를 충분히 익히지 않은 다이버가 바다에서 다이빙을 하면 어떻게 되겠니? 무슨 일이나 속성으로 끝내면 좋지 않는 결과를 가져와.

어드밴스 과정

몇 번의 다이빙 교육을 더 받으면 40미터까지 다이빙할 수 있는 어드밴스 다이버 자격을 딸 수 있어. 그러나 어드밴스 과정을 나중에 따로 또 받는 것이 불편하다고 생각해서 '오픈워터'와 '어드밴스'를 동시에 하는 다이버도 많아. 물론 시일은 더 걸려. 하지만 어렵지 않아. 어드밴스는 다이빙 체험을 하는 과정이므로 오픈워터 코스처럼 어렵지 않고 재미있는 과정이야.

Q: 어린이도 다이버가 될 수 있는지 궁금해

A: 물론. 어린이도 스쿠버 다이빙을 즐길 수 있어. 다이버 자격증은 주지 않지만 8세부터 수영장에서 스쿠버 다이빙 체험이 가능해. 10세 이상이면 성인이 받는 오픈워터 다이버와 동일한 주니어 다이버 자격증을 받을 수 있고, 15세가 되면 자동으로 오픈워터 다이버 자격증으로 대체된단다. 어린이가 어른보다 훨씬 더 빨리 배우기 때문에 스쿠버 다이빙을 어렸을 때 배우면 그만큼 더 즐길 수 있어.

수중사진에 필요한 도구는 무엇인지 궁금해

스쿠버 다이버들은 처음에는 다이빙만으로도 즐거움을 느끼지만, 곧 다른 것에 호기심을 느끼기 시작한단다. 바다생물에 관심을 갖기 시작하거든. 아름다운 바다생물을 보면 사진으로 담고 싶은 욕심이 생긴단다. 아름다운 자연을 봤을 때, 사진에 담고 싶은 마음과 똑같아. 그리고 사진에 찍힌 바다생물을 더 알고 싶어서 공부도 하게 돼.

일부 고약한 사람들은 바다생물을 잡아먹을 생각을 하기도 해. 실제로 오래 전에는 그런 일이 많있어. 그래서 어민들은 다이버들이 어장 근처에 오지도 못하게 막은 적도 있다고 해. 사냥이 아니라 사진에 관심을 갖는 것이 훨씬 바람직하지 않겠니?

수중사진을 찍기 시작하면 자기도 모르게 스쿠버 다이빙 실력이 급속도로 늘어난단다. 수중사진을 잘 찍으려면 몸동작을 조심해야 되고, 매우 정교하게 부력을 조절해야 해. 일부러 훈련을 받지 않아도 사진을 찍기 위해서 자동적으로 하게 되는 행동이야. 물론 극소수이지만 간혹 사진을 찍으려고 더 험악하게 바다생물을 건드리거나 산호를 해치는 몰지각한 사람도 있어. 새나 야생화를 촬영한다면서 새 둥지나 자연을 해치는 엉터리 생태 사진가와 똑같은 경우지. 여러분은 절대 그런 사람이 되지 않을 것이라 믿어.

수중사진을 찍는다고 특별한 방수 카메라를 사용하는 것이 아니야. 오히려 방수 카메라라고 나온 것들은 수심이 얕은 곳에서만 사용 가능한 거여서 수중사진에는 사용하지 못해. 우리가 보통 사용하는 카메라를 그대로 사용해. 그 대신 카메라에 물이 들어가면 안 되니까 '하우징'이라는 장비 안에 카메라를 넣고 사진을 찍어. 하우징은 높은 수압에 견뎌야 하고, 카메라의 모든 기능을 하우징 외부에서 조절할 수 있어야 하므로 기술력이 좋은 회사에서만 만들 수 있어.

▶ 내가 사용하고 있는 카메라 하우징 (좌) 전면 (우) 후면

어떤 카메라를 사용하나

전에는 수중사진 촬영이 어려웠어. 육지에서는 필름 한 통을 다 사용하면 계속 교체하면서 얼마든지 촬영하면 돼. 그렇지만 수중에서는 그게 불가능하니, 필름 한 통을 아주 아껴서 촬영해야 했으니 얼마나 어려웠겠어. 그런데 요즘은 디지털 카메라를 사용하므로 전혀 문제가 없어. 우선 마음대로 찍을 수 있고, 바로바로 사진을 확인할 수 있어서 촬영 방법을 수정할 수 있으므로 다이버라면 누구나 쉽게 수중사진을 즐길 수 있게 됐어.

▶ 처음 사용했던 수중사진기와 하우징

많은 다이버들이 휴대하기 편하고 조작이 간단하며 저렴한 소형 카메라를 즐겨 사용해. 전문적으로 수중 촬영을 하는 사진작가들은 렌즈 교환식의 중형이나 대형 카메라를 선호한단다. 그러려면 하우징도 크고 부수적인 장비도 많아서 무거워. 물속에서는 무게를 거의 느끼지 못해서 자유자재로 카메라를 다룰 수 있지만 물속에 들어갈 때까지가 힘들어. 더구나 물속에서는 렌즈를 교환할 수가 없어. 그래서 아무리 멋진 바다생물을 만나도 렌즈가 맞지 않아 촬영할 수 없는 경우가 종종 생기곤 하지.

반면에 소형 카메라는 이런 제약이 없어서 좋아. 하나의 렌즈로 여러 장면을 모두 촬영할 수 있게 되어 있거든. 더구나 성능도 매우 좋아져서 훌륭한 사진을 얻을 수 있어.

비싸고 정교하고 복잡하다고 무조건 좋은 장비는 아니야. 취미로 수중사진을 찍으려면 당연히 소형 사진기를 추천해. 비용도 렌즈 교환식 카메라보다 수십 분의 1로 저렴해.

크기가 다른 바다생물을 어떻게 찍을까?

바다생물은 크기가 1mm도 되지 않는 작은 것부터 십수 미터에 달하는 엄청 큰 것까지 아주 다양해. 크기가 작은 생물은 확대해서 찍어야 하니까 최대한 가까이 가야 해. 이런 촬영을 '접사 촬영', 사진은 '접사 사진'이라고 하지. 커다란 바다생물이나 풍경을 촬영할 때는 거리도 떨어지고 촬영 각도가 넓기 때문에 '광각 촬영', '광각 사진'이라고 한단다.

접사 촬영은 소형 카메라가 렌즈 교환식 못지않게 좋아. 그러나 광각 사진에는 소형 카메라가 한계가 커서, 렌즈 교환식 카메라가 좀 더 적당해. 아주 넓은 각도를 다 촬영할 수 있는 '어안 렌즈'가 인기가 좋아. 멋진 광각 사진은 바닷속 풍경을 감동적으로 전달해 준단다. 물속에서는 촬영 장면을 연출할 수 없고, 순간적으로 기회를 포착해서 찍어야 하기 때문에 감각이나 기술이 뛰어나야 해. 나는 수중 광각 사진을 제대로 촬영할 줄 아는 사람이 진정한 수중사진작가라는 생각이 들어.

수중사진도 바다생물도 빛이 필요해

수중사진은 카메라나 렌즈도 중요하지만 조명의 영향을 크게 받는단다. 바닷속은 빛이 크게 부족하므로 카메라에 내장된 플래시로는 빛의 양이 아주 부족해. 특히 광각 사진은 더하고.

카메라에 내장된 플래시 빛은 피사체 방향으로 직진하므로 물속 부유물에 의해 산란되거나, 반사되어 대상이 제대로 찍히지 않아 뿌옇게 되는 경우가 많아. 렌즈 교환식 카메라는 내장 플래시가 없어. 그래서 촬영 셔터를 누르면 카메라 외부에서 동시에 조명을 터뜨리는 스트로보를 반드시 사용해야 해. 외장 스트로보를 사용하면 훨씬 입체적인 사진이 나와. 소형 카메라도 외장 스트로보를 사용하면 사진이 아주 좋아져.

▶ 스트로보

그런데 오랜 세월 수중사진을 찍어 보니 진짜 아름다운 수중사진은 햇빛이 만들어 준다는 생각이 들었어. 내가 제일 좋아하는 나의수중사진은 대부분 햇빛과 스트로보 빛이 조화를 이뤄서 만든 작품이야.

사람들은 바다 깊이 들어가야 멋진 바다생물을 볼 수 있는 것으로 착각하는 경우가 많아. 그런데 실제로는 햇빛이 어느 정도는 내려오는 얕은 바다, 5미터에서 30미터 사이가 가장 바다생물이 풍부하고 아름다워.

수중사진도 바다생물도 햇빛이 필요해.

카메라는 잘못 없어

수중사진도 잘 나올 때도 있고 그렇지 못할 때도 있어. 어떤 다이버는 "카메라 성능이 나빠서 그래" 하며 카메라 탓을 하지. 하지만 카메라는 잘못이 없어. 바닷속이 어두운 탓이 커. 사진을 찍는 촬영자의 실력 탓도 있어. 초보 다이버들을 살펴보면 바다생물을 좇아다니며 찍거나 촬영 각도를 잘못 잡아

카메라 셔터를 누르곤 해. 이러면 좋은 사진이 나올 수 없어. 바다생물의 뒤꽁무니 모습이나 땅바닥에 납작하게 붙어 있는 모습으로 찍히곤 하지. 수중생물보다 낮은 자세로, 그리고 가까이 올 때까지 인내심을 가지고 기다렸다가 촬영하는 것이 좋아. 바다생물을 내려다보는 것이 아니라 올려다보는 자세로 촬영하는 것만으로도 초보 딱지를 뗄 수 있어.

수중생물을 존중해야 해

멀리 있는 큰 바다생물이나 풍경을 촬영하는 광각 사진은 그들에게 아무 위협을 주지 않고 촬영할 수 있어. 그러나 가까이 접근해서 촬영하는 접사 사진을 찍을 때는 조심하지 않으면 안 돼. 사진을 찍으려고 바다생물에 너무 가까이 접근하면 바다생물도 기분 나쁠 수 있을거야. 게다가 실수라도 바다생물을 건드리면 어떻게 되겠어? 그들의 목숨을 위협하는 행동이 될 수도 있지. 그러니까 아주 조심해서 가까이 다가가고 물러나는 행동을 습관화해야 해. 이런 조심스러운 행동은 바다생물을 존중하는 최소한의 예의라고 생각해. 이런 자세로 바다생물을 만나면 그들도 자기의 아름다움을 최대한 보여줄 거야. 그리고 생명의 진화의 경이로움을 느낄 수 있고, 이렇게 아름다운 지구에 태어난 것이 얼마나 행운인지 알게 돼.

두근두근, 다이빙 여행

▶ 리브어보드

바다라고 아무 곳에서 무턱대고 다이빙을 하면 안 돼. 바닷속 지형이나 조류는 물론 바다로 들어가고 나올 때의 안전 요소를 먼저 살펴야 해. 다이버들은 흔히 '다이빙 사이트'라 불리는 특정 장소에서 다이빙을 해. 그곳이 안전하고 볼거리도 많기 때문이야. 다이빙 사이트에선 마음껏 다이빙을 즐길 수 있어서 좋아.

그런데 문제는 있어. '다이빙 사이트'까지 갔다 오는 데 시간이 제법 걸려. 근처에 사는 다이버들은 좋겠지. 그러나 다이빙 사이트에서 떨어진 곳에 산다면 그날 갔다 오기는 힘들겠지? 그래서 대부분 한 곳에서 며칠 머물면서 부근 지역의 다이빙 사이트를 돌아가며 다이빙을 해. 아예 여러 날 계속 배를 타고 이리저리 멀리 이동하면서 다이빙을 하기도 해. 이것을 '리브어보드'라 불러. 리브어보드를 하는 배는 숙식이 가능하고 승무원도 여럿 있어. 육상 숙소보다 좁기는 하지만 설비도 좋아. 그러나 리브어보드 다이빙은 쉽게 할 수 없어서 많은 다이버들의 선망의 대상이란다.

아무튼 어떤 다이빙 여행도 다이빙 사이트를 사전에 알아보고 계획을 세워 가는 것이 좋아. 어느 여행이나 마찬가지잖아. 특히 바다는 계절마다 날씨, 수온, 해류 등 상황이 많이 다르고, 볼 수 있는 바다생물도 크게 다르니 더욱 계획을 차근차근 완벽하게 세워서 하는 것이 좋아.

다이빙도 여러 종류가 있어.

다이빙이라고 해서 다 같지 않아. 장소와 지형 그리고 시간에 따라 형태가 크게 달라져.

- 거대한 절벽으로 이뤄진 곳에서 일정한 수심을 유지하며 계속 이동하면서 바다생물과 풍광을 감상하는 다이빙. 이 다이빙은 좋은 조류를 만나면 손가락 하나 까딱하지 않고 조류를 따라 몸이 이동하기 때문에 편하게 다이빙을 즐길 수 있어. 상상해 봐. 얼마나 멋지겠어.

- 바닥을 훑듯이 관찰하는 다이빙. 이 다이빙은 형형색색의 황홀한 산호를 구경하면서 다이빙을 하기도 해. 그러나 바닷속 어디나 산호가 있는 것이 아니야. 어떤 곳은 검은 뻘이나 모래로 뒤덮여 있기 때문에 아무것도 안 보여. 그러나 찬찬히 살펴보면 신기한 생물이 상상을 초월할 정도로 많이 살고 있는 곳도 있어. 그래서 재미가 쏠쏠해.

- 바다생물을 기다리는 다이빙. 이 다이빙은 좀처럼 만나기 힘든 바다생물이 가끔 또는 정기적으로 출현하는 곳에 미리 도착해서 그들이 나타나기를 기다리는 다이빙이야. 이때 다이버는 흥분되겠지. 가슴이 두근거릴 정도라니까. 기다리던 바다생물이 나타나면 무척 기쁘지만 하염없이 기다리다 허탕을 칠 때도 있어. 그런데도 기다린단다. 여러 번 시도해서 단 한 번이라도 만나면 모든 지루했

던 기다림이 한순간에 행복으로 바뀌거든. 그때의 짜릿한 기분이란 직접 해 보지 않으면 설명할 수 없어.

- 나이트 다이빙도 아주 많이 해. 밤에 다이빙을 하면 낮과는 전혀 다른 바다 세상을 즐길 수 있어. 바다생물은 종류에 따라 활발하게 활동하는 시간이 다르기 때문이야. 나이트 다이빙 이외에도 이른 새벽이나 해질 무렵 등 특정한 시간에 다이빙을 하기도 해.

우리나라는 어디서 다이빙을 하나?

우리나라 다이빙 명소는 단연 제주도야. 남쪽이어서 수온이 높아서 바닷속 생태가 제일 다양해. 그런데 제주도는 돌아올 때 비행기를 타야 하잖아. 다이빙이 끝나면 안전을 위해 하루 정도는 비행기를 타지 않도록 하고 있어. 비행기를 타면 지상보다 기압이 급격히 낮아지기 때문이야. 물속에 있다 급히 올라오는 것과 비슷한 위험을 예방하려고 그런거야. 그러니 제주 도민이 아니면 다이빙을 하루만 하려고 해도 최소 며칠은 걸리지. 그래서 짧은 다이빙은 자동차로 오갈 수 있는 동해를 찾는 다이버도 많아. 서해는 조석 간만의 차이가 심하고, 수심이 얕아. 일 년 내내 바닷물이 탁해서 남쪽 섬 일부를 제외하고는 다이빙하기가 어려워.

최근 들어 새로운 다이빙 장소가 여러 곳에 개발되고 있지만, 우리나라 경제 수준이나 다이버 인구에 비해 다이빙 인프라는 현저히 낮다고 봐야 해. 무엇보다 바다 수온이 낮고 파도가 거칠고, 산호가 많지 않아 정착형 생물도 적고, 그동안 바다 생태계 보존에 소홀하다보니 그런 것 같아. 우리나라 다이빙 레저가 활성화하지 못한 이유야. 다이버 숫자가 조금씩 늘어나고 있긴 하지만 다이빙에 입문하는 사람이나 초보자를 위한 안전한 바다 교육 장소가 매우 열악한 것도 해결해야 할 과제야. 코로나 팬데믹 이전에는 많은 강사들이 해외로 진출해서 활동했는데, 요즘 많은 강사들이 귀국해서 제주도에 정착했다는 소식을 들었어. 이들이 다이빙 레저 발전에 힘을 실어주지 않을까, 기대가 돼.

세계 어느 바다가 다이빙하기에 좋은가?

▶ 다이빙 사이트(피지, 2010)

나는 태평양, 대서양, 인도양, 카리브해, 홍해, 오세아니아 등 세계 곳곳의 바다를 여행하며 수중사진을 촬영했어. 많은 사람들이 나에게 제일 먼저 던지는 질문.

"세계 어느 바다가 가장 좋은가요?"

답하기 쉽지 않아. 모든 곳이 나름대로 특성이 있고 좋은 점이 있어서야. 그래도 세계적으로 다이빙이 가장 활성화되어 있고, 다이버들이 가장 좋아하는 바다는 단연 동남아시아지. 특히 인도네시아, 필리핀, 말레이시아로 연결되는 바다 지역은 전 세계에서 산호가 최고로 발달되어 있어서 '산호 트라이앵글'이라 불러. 그만큼 바다생물의 종류가 아주 다양해.

이 지역의 동쪽, 반다해와 남태평양 도서 지역, 그리고 서쪽의 태국과 버마 쪽의 근해도 다이빙하기 무척 좋은 지역이야. 우리나라에서 가까워서 더욱 좋아. 그래서 유럽이나 아메리카 다이버들이 우리나라 다이버들을 무척 부러워한단다.

유럽 다이버들은 가까운 지중해와 홍해, 인도양의 몰디브 등으로 다이빙 여행을 많이 떠나. 미국과 캐나다에서는 카리브해, 미국 남쪽 마이애미와 하와이 등으로 많이 가. 호주에도 그레이트배리어리프를 비롯한 유명한 곳이 많아. 아메리카 대륙과 가까운 태평양은 대형 바다생물이 많이 출현한단다. 다이버들이 선망하는 유명한 바다는 갈라파고스, 코코스 등이야. 지도를 펴놓고 따라가 보렴.

멕시코에도 훌륭한 다이빙 명소가 많아. 그리고 일반 바다는 아니면서 바닷물과 민물이 공존하는 아주 특별한 세노테라는 동굴로 이름난 곳이기도 해. 아프리카 남쪽과 남아메리카에도 훌륭한 곳이 많다고 해. 나는 이집트 홍해와 중앙아메리카 지역까지는 가봤지만 더 남쪽으로는 가보지 못해서 자세하게 소개하지 못하겠네. 미안해.

내가 제일 좋아하는 다이빙 바다

내가 제일 많이 다이빙 여행을 한 나라는 인도네시아와 필리핀이야. 인도네시아 마나도의 렘베라는 곳은 10여 년 동안 매년 빠짐없이 찾을 정도로 심취했던 곳이야. 그곳에서 처음으로 수많은 바다생물을 만나, 이름을 익히고 그들의 생태를 자세히 관찰할 수 있었기 때문이야. 그 외에도 발리, 코모도, 라자암팟 등 다이빙 명소가 많아. 그래서 인도네시아는 최고의 다이빙 관광국이라고 불러도 아깝지 않아.

▶ 인도네시아 마나도의 렘베(다이브리조트)

나는 필리핀 세부도 좋아해. 특히 남쪽의 오슬롭에서 가장 많이 다이빙을 했어. 우리나라 다이빙의 역사를 잘 알고 있는 지인이 운영하는 리조트가 있어서 자주 갔던 곳이야. 지인이 수중사진 촬영을 마음 편하게 할 수 있도록 특별히 배려해 줬거든. 그런데 말이야. 그 지인이 슬프게도 몇 년 전 지병으로 저 세상으로 떠났어. 지금도 그 지인이 그리워.

처음 필리핀 오슬롭에 갔을 땐 황량한 시골이었어. 주로 근처 수밀론이란 섬으로 가서 다이빙을 했어. 그런데 어느 날 고래상어가 자주 출몰하기 시작하면서 상황이 바뀌기 시작했어. 주민들이 고래상어에게 먹이를 주자 고래상어들이 오슬롭 마을 해변으로 매일 나타나는 거야. 사람들이 이걸 놓칠 리 없지. 얼마 지나지 않아 세계적 다이빙 명소가 되었어. 나에게는 잊지 못할 추억의 다이빙 장소야.

태국의 푸켓도 내게는 고향과 같은 곳이야. 내가 첫 다이빙을 했고, 다이브마스터 과정과 강사 과정을 이수하기 위해 오래 머문 곳이기 때문이지.

나의 버킷 리스트

누구나 죽기 전까지 해 보고 싶은 일들이 있어. 그걸 버킷 리스트라고 해. 나도 바다생물에 대한 버킷 리스트가 있었어.

나는 꽤 오랜 세월 동안 다이빙과 수중사진을 촬영하느라 수많은 바다에서 다이빙하며 특이한 바다생물을 많이 만났단다. 그런데도 첫 번째 다이빙 버킷리스트는 소설 <보물섬>의 배경인 태평양의 코코스 섬이라는 작은 무인도에 가보는 거였어. 그래서 용기를 냈지. 직장에 3주 동안 휴가를 냈어. 이런 일은 처음이야. 나는 비행기를 3번 갈아타고 코스타리카에 도착해서, 다시 72시간의 항해 끝에 코코스에 도착해. 그곳에서 일주일 정도 머물며 다이빙을 했단다. 그때의 환희란 말로 표현할 수가 없을 정도야. 이 섬은 절대 보호지역이어서 숙박시설도 없고, 상륙도 아주 제한적으로만 가능해. 나는 여기서 수백 마리의 귀상어 떼를 만났어. 강력한 하강 조류로 다이버들이 뿔뿔이 흩어져 나 홀로 남겨졌을 때야, 수심이 깊어 공기가 급속도로 고갈되는 위험 상황에서 귀상어들을 만났단다. 나는 무조건 카메라 셔터부터 눌렀어. 사진이 제대로 찍힌 것을 확인한 순간, "이제 죽어도 여한이 없다"라는 생각과 함께 희열이 온몸을 감싸는 거야. 지금도 그 생각을 하면 가슴 가득 행복감이 밀려온단다.

▶ 귀상어 떼 (코스타리카 코코스섬, 2016)

인생 최고로 희귀한 바다생물을 만나는 다이빙을 경험했던 갈라파고스!

▶ 갈라파고스, 2018년

갈라파고스에서 다이빙을 할 때였어. 거대한 고래상어와 여러 마리의 개복치, 그리고 귀상어와 바라쿠다 군집 등 희귀한 바다생물이 한꺼번에 내 주변을 맴돌면서 떠나지 않는 거야. 하지만 그날의 광경은 내 머리에 담아둘 수밖에 없었어. 그때 나는 육상 여행 중이었는데, 참새가 방앗간을 지나지 못한다는 속담처럼 현지에서 장비를 빌려 며칠 동안 다이빙을 했지. 카메라 없이 말이야. 내 생애 최고의 환상적인 다이빙을 경험한 날, 손에서 놓지 않던 카메라가 없다니……. 하지만 실망하지 않아. 눈을 감으면 그 장면이 생생하게 눈앞에서 펼쳐지기 때문이야.

환도상어와의 만남

▶ 환도상어 (필리핀 말라파스쿠아, 2015)

꼬리가 몸체만큼이나 길고, 비단결 같은 몸과 순진한 눈동자의 환도상어를 나는 꼭 만나보고 싶었어. 그리고 사진도 찍고 싶었지. 필리핀 말라파스쿠아라는 섬에서 10번 이상 만남을 시도했지만 멀리 지나가는 모습을 단 한 번밖에 보지 못했어. 6년 후, 드디어 기회가 왔어. 환도상어가 내가 손을 뻗으면 닿을 정도로 가까이 지나가는 거야. 나는 침착하게 카메라 셔터를 눌렀어. 새벽의 어렴풋한 자연광이 비치는 바닷속에서 나는 선명하고 아름다운 환도상어의 사진을 얻었단다. 너무나 가까이 다가왔던 환도상어와의 눈맞춤은 지금도 잊을 수가 없어.

거만한 범프헤드 패롯피시

▶ **범프헤드 패롯피시** (인도네시아 뚤람벤, 2016)

사진 찍을 기회를 좀처럼 주지 않던 바다생물, 범프헤드 패롯피시. 큰 덩치와 험상궂은 모습에 어울리지 않게 수줍음이 많아서인지 아주 조심스럽게 헤엄을 친단다. 그래서 좀처럼 가까이서 사진 찍을 기회가 없었어. 그러다가 인도네시아 라자암팟에서 처음으로 내 주위에 한참을 머물면서 사진 찍을 기회를 주고는 사라졌어. 다시 몇 년이 지나 발리의 난파선에서 두 번 다시 만나기 힘든 장면을 연출해 주는 거야. 내가 이 기막힌 장면을 놓칠 리 없지. 찰칵. 카메라 셔트를 눌렀어. 사진이 아주 잘 나왔지. 다이빙한 지 10년 만에 받은 큰 선물이었어.

수만리 떨어진 먼 바다에서 수십 번 다이빙을 해도 원하는 바다생물을 만나지 못하는 경우는 흔하단다. 짜증을 내야 아무 소용이 없어. 다시 내가 찾아 가는 수밖에. 내 수중사진은 거의 이런 노력으로 얻은 선물들이야. 포기하지 않으면 소원은 꼭 이루어진다는 말. 믿어도 돼.

▶ 라자암팟 좌에서 우로. 다이브 리조트, 침실, 식당

호기심은 호기심을 낳고

바다생물에 대한 호기심이 바다 지형을 궁금하게 만들었어. 도대체 바다 지형은 어떤 모습일까? 그래서 지형이 독특한 중남미 국가인 벨리즈의 블루홀과 멕시코 동굴 칸쿤 지역으로 다이빙 여행을 갔단다. 지형도 바다생물 못지않게 아름다웠어. 석회 동굴 속에서 바닷물과 민물이 함께 만드는 환상적인 빛은 참으로 신비로웠어. 벨리즈에서 한참을 항해해야 도달할 수 있는 블루홀은 수심이 매우 깊어서 하늘에서 보면 동그란 모양이고 짙푸른색 바다야. 아주 독특하게 눈에 띄는 곳으로 알려져 있는 곳이야. 아마 비행사들이 찾아낸 곳이 아닐까 싶어. 블루홀에서 내 다이빙 역사상 수심으로는 가장 깊은 60미터 이하까지 내려갔단다. 나는 깊은 바닷속에서 그 어느 곳에서도 경험하지 못했던 고요함과 적막함을 경험했지. 육지에서는 도저히 찾을 수 없는 장소와 감정. 이 또한 행복한 기억으로 남아 있어.

▶ 멕시코 세노테, 2009년

블루홀(벨리즈, 2014)

생명의 고향인 바다

생명이 바다에서 시작됐으니 바다생물이야말로 '생명의 고향'이라 할 수 있어. 바다는 생명을 탄생시켰고, 육지에 사는 우리는 '고향을 떠난 이주민'이라고 나는 생각해. 바다는 고향 떠난 우리에게 지금도 엄청난 혜택을 주고 있어. 그런데도 인간들은 고향인 바다를 오염시켜 먼 친척인 바다생물을 멸종 위기에 처하게 했으니, 배은망덕한 존재라 해도 지나친 말이 아니라고 봐. 극소수의 미식가를 위한 무리한 어업, 실제 유효 성분이 없거나 효능이 불분명함에도 정력제라고 먹고, 심지어 관상용으로까지 불법 남획을 하는 인간들은 하루 빨리 잘못을 뉘우치고 그런 어업은 그만두어야 한다고 생각해.

유난히 진귀한 식재료나 약재를 탐하는 중국, 희귀한 바다생물에 대한 탐닉이 강한 한국과 일본은 남획의 근원이야. 샥스핀을 여전히 판매하는 국내 최고 특급호텔의 무지하고 몰염치한 영업은 통탄스러운 행위라 아니 할 수 없어. 국제적인 바다환경보호운동의 도도한 흐름을 무시한 채 자기들 이익만 챙기는 거야. 그런 요리를 찾는 인간들도 마찬가지고.

다이빙이 바다생물에게 좋은 일이 아닐 수 있다는 생각을 가진 사람도 있을 거야. 그런데 곰곰이 생각해 봐. 바다생물을 멸종위기로 몰아가는 것은 몰상식한 인간들의 탐욕 때문이야. 그렇지만 이들에게 비싼 값을 받기 위해 직접 바다생물을 잡는 것은 대부분 현지 주민들이야. 이 생각을 하면 답답해. 법을 만들어 불법 어업을 막아도 별 효과가 없다는 사실을 이미 여러 곳에서 경험했어.

바다생물을 남획해서 파는 일은 잠깐은 돈을 벌 수 있겠지. 그러나 바다생물을 잘 보전해서 다이버들의 관광을 유치하는 것이 남획하는 일보다 지역 경제에 훨씬 도움이 된다는 것은 여러 곳에서 증명이 됐어. 그렇다면 그런 생각을 널리 알리고, 현지 주민들이 실천하게 만드는 것이 바다생물을 보호하는 해결방안일 수 있어.

바다의 중요성을 누구보다도 잘 알고 있는 다이버들이 다이빙 관광을 활성화시키고, 바다환경의 지킴이 역할을 적극적으로 해야 된다고 힘주어 말하고 싶어. 물론 그중에 나도 포함이 되지.

바다 세계를 지키다

● 이 책을 읽는 너희도 바다생물을 보호하고 바다 환경을 깨끗하게 만드는 활동이
, 어떤 것이 있을지 궁금할 거야. 지금 당장은 못하더라도 나중에 꼭 그런 활동에 참여하고 싶을 수도 있고.
책이나 인터넷을 찾아보면 참 많은 활동이 있고, 단체도 있어.

왜 바다를 지켜야 할까?

1부에서 3부를 읽는 동안 바다 생태계의 신비함과 아름다움에 흠뻑 취했을 거라 믿어. 처음 보는 바다생물에 눈길을 빼앗기고, 다이빙의 매력에 빠져 다이버가 되고 싶을 거야. 그런데, 여러분이 어른이 되었을 때 우리가 책에서 만난 바다생물이 여전히 바다를 지키고 있을까? 그 생각을 하면 가슴이 답답하고 힘이 빠져.

세계의 해양생태계가 남획(짐승이나 물고기를 마구 잡음), 비닐이나 플라스틱 용품, 해양 폐기물, 기후변화에 따른 수온 상승, 산성화 등으로 바다의 66%(2019년 UN Report)가 심각하게 오염되거나 변화되었다고 해. 그래서 지난 12월에 개최된 생물다양성협약 15차 당사국총회에서는 해양의 30%를 보호구역으로 지정하고, 훼손된 해양의 30%를 복원할 것을 결정했어.

매년 천만 톤 가까운 쓰레기가 바다로 쏟아져. 해양 쓰레기에서 나온 오염 물질이 바다로 녹아들어가면 거기 사는 물고기, 조개, 해조류를 오염시키고 바닷물로 만드는 소금도 오염시키겠지. 그럼, 결국 그걸 사람이 먹게 되겠지? 그리고 해양 쓰레기의 80%는 플라스틱 쓰레기야. 그 플라스틱이 아주 작은 크기로 쪼개진 미세플라스틱이 요즈음 문제가 되고 있어. 사람이 일주일 동안 신용카드 한 장 분 분량의 플라스틱을 먹고 있다고 해. 이뿐만 아니야. 중금속같이 잘 분해가 되지 않는 화학물질도 바닷속의 먹이사슬을 통해 축적되고 결국은 우리가 먹게 돼. 지구는 물도 순환하고 공기도 순환해. 우리가 바다에 버린 쓰레기도 순환해서 결국은 우리 몸으로 들어오는 거야. 굉장히 심각한 문제야. 눈에 보이지 않으니까 모르는 거야.

우리나라는 삼면이 바다야. OECD 국가 중 수산물 소비량 세계 1, 2위를 차지해. 세계 여느 나라 못지않게 먹거리를 바다에 의존하고 있어. 그러니까 바다가 오염되면 그 피해를 가장 많이 받는다고 할 수 있겠지? 오랫동안 이런 문제가 잘 알려지지 않았다가 최근에서야 바다의 환경과 생태계 보호의 중요성이 부각되기 시작했어. 미세플라스틱, 해양폐기물, 기후변화에 따른 해양 생물종 감소, 해양오염 등이 이슈화되고 있지. 많이 늦었지만, 이제라도 다양한 활동과 단체가 다양하게 생겨나고 있으니, 다행이야.

나는 대학교수를 마치고 숲과나눔이란 재단에서 이사장으로 일하고 있어. 숲과나눔은 우리 환경을 숲과 같이 건강하고 안전하게 만들기 위해 노력하는 공익재단이야. 숲과나눔은 자연, 환경, 보건 등에 관계된 인재를 양성하고, 문제해결을 위한 합리적인 대안을 제시하는 환경 활동을 적극 지원하고 있어. 그중에는 당연히 바다 환경과 바다생물 보호 활동도 많이 포함되어 있지. 그런 지원 프로그램을 통해 열심히 활동하는 많은 단체나 사람들을 알게 됐어.

이 책을 읽는 너희도 바다생물을 보호하고 바다 환경을 깨끗하게 만드는 활동이 어떤 것이 있을지 궁금할 거야. 지금 당장은 못하더라도 나중에 꼭 그런 활동에 참여하고 싶을 수도 있고. 책이나 인터넷을 찾아보면 참 많은 활동이 있고, 단체도 있어.

그렇지만 여기서는 내가 책임지고 수행한 지원사업을 통해 알게 된 단체나 활동에 대해서 소개하려고 해. 직접 겪어봐서 잘 알기 때문이야. '아 바다를 지키려면 이런 활동을 하면 좋겠구나, 나도 같이 하면 좋겠다.' 그런 생각을 할 수 있을 거야. 참고로 하면 좋겠어.

어떻게 바다를 지킬 수 있을까?

제주 바다숲을 기록하고 지키는 다이버 활동가들의 에코핀 프로젝트
(팀명: 에코핀더하기 / 풀씨 4기, 풀꽃 4기 참여 / 현재 해양시민과학센터 '파란'으로 활동)

기후변화와 난개발, 해양오염으로 제주 바다가 급격히 바뀌고 있어. 게다가 각종 보호구역으로 지정된 곳조차 '보호'받고 있지 못하고 있었지. 에코핀더하기는 지역 주민과 환경활동가, 전문가가 만나서 제주 해양생물과 서식처를 기록하고 캠페인을 통해 제주의 생태적 가치를 알렸어. 이 팀은 현재 해양시민과학센터 <파란>을 창립하여 제주에서 본격적인 활동하고 있단다. 파란은 푸른 심장을 가진 물결이라는 뜻이야. 제주 바다를 기록하고, 해양생태계의 변화를 감시하며, 바다의 온전한 회복을 꿈꾸고 있다고 해.

바다숲 관리 실태 모니터링과 이슈 리포트 제작
(팀명: 국립공원을지키는시민의모임/초록열매 2기)

바다숲이라고 알고 있니? 바다숲은 해조류와 해초류가 이룬 군락으로 해양생물들의 산란지이자 서식지야. 해양생태계를 다양하게 만드는 중요한 장소지. 그런데 연안개발과 오염, 해수 온도 상승 등의 복합적인 스트레스로 훼손 면적은 매년 증가하고 있어.

국립공원을지키는시민모임은 이 문제를 해결하고 싶었어. 그래서 국회, 언론 등과 함께 정부가 바다숲을 파악해 개선 방안을 마련하게 하고, 바다숲을 계속해서 모니터링하고 있어.

강화도 생태 평화 지도 만들기
(팀명: 생태교육허브물새알/초록열매 1기)

강화갯벌은 우리나라에서 유일한 대형하구 갯벌이야. 생물다양성이 풍부하고 보존 가치가 높지. 멸종위기종 1급 저어새의 중요한 번식지이기도 하고 47종 이상의 법정보호종(조류, 양서파충류, 해양포유류 등)이 관찰되고 있단다. 이렇게 소중한 자원이다 보니 주민 스스로 자신의 환경권을 지키고 자연환경 훼손을 감시하고 지켜야 한다고 생각했다고 해.

제주 해안의 '사라져가는 생물' 지키기 프로젝트
(팀명: (사)자연의벗연구소/초록열매 1기)

제주도 해안의 위기종을 기록하고 보호하려고 진행한 활동이야. 기후변화로 인해 해수면이 올라갔는데, 해안사구도 개발되니까 바다거북, 흰물떼새, 달랑게 등 모래 해안에 산란하는 종들의 산란이 더욱 힘들어지고 있었어. 그래서 이 프로젝트가 시작된 거야. 제주도의 해양 동물을 보호하려고 수업을 하거나 안내판 설치, 제주도 해양 동물 보호 조례 개정 추진 등을 하고 있어.

배곧신도시, SOS! 흰발농게를 구해줘
(팀명: 시흥갯골사회적협동조합/초록열매 1기)

우리나라 갯벌 생태계에 자주 등장하는 생물이 있단다. 바로 '흰발농게'야. 2021년 배곧신도시에서 흰발농게가 살고 있는 걸 알게 된 거야. 그런데 아파트 밀집 지역이고, 작고 협소하며 위험스러운 지역이라 보호가 필요했어. 그래서 흰발농게 서식지를 조사하고 생태지도를 제작해. 그리고 '찾아가는 생태학교'와 유아 초등생 저학년이 흰발농게 서식지에서 '가족과 함께하는 생태학교' 등을 진행하고 있지.

바다를 사랑하는 그린 다이버의 해양 정화 활동 '비레디윗미(BE REDI WITH ME)'
(팀명: 해양환경보호단 레디/초록열매 1기)

해양 쓰레기 문제를 해결하기 위한 단체도 있어. 국내 스쿠버, 프리다이버들이 해양의 쓰레기를 치우고 그린다이빙 문화를 만들기 위해 노력하고 있지. 게다가 환경보호를 위해 그린다이빙에 필요한 다이빙 장비를 국내 최초로 업사이클이나 리사이클로 제작하고 있어. 레디는 바다를 보호하는 그린 다이빙 문화를 만들려고 다방면으로 노력하고 있어.

지금까지 바다를 지키기 위해 수고하는 단체나 활동 사례를 알아보았어. 이런 노력 덕분에 멸종위기에 처한 바다생물과 훼손되는 서식지를 알게 된 경우도 많아. 시민들의 자발적인 활동으로 정부도 경각심을 갖게 되는 경우도 있고. 예를 들어 '국립공원을 지키는 시민의 모임 팀(초록열매2기)은 바다를 오염시키는 낚시 활동을 모니터링한 자료를 제시하여 문제를 알렸어. 정부와 이해당사자들은 이 문제를 심각하게 받아들여서, '갯바위 생태휴식제'를 도입했어. 이 제도는 해상국립공원 내에서 낚시를 제한하는 거야. 어때, 커다란 열매가 맺은 것 같지?

이렇게 차츰차츰 문제를 발견하여 원인을 알아내고, 실천할 수 있는 정책을 만들어 꾸준히 실행하는 것이 필요해. 정부도 시민이 관심을 두는 것을 먼저 하기 마련이야. 바다를 깨끗하게 유지하고 바다생물을 보호하자는 시민의 목소리가 커져야 해. 이 책을 읽는 여러분이 그런 목소리를 내는 사람이 되어주면 좋겠어.

바다생물은 인간보다 부족한, 그래서 마구 대해도 되는 하등동물이 아니야. 모든 생물은 어마어마하게 긴, 수백만 또는 수천만 년 심지어 수억 년의 세월을 거쳐 지금의 모습과 능력을 갖춘 존재야. 얼마나 고귀하고 소중하니? 지금은 각자 다른 곳에서 살고 있지만, 원래는 모두 같은 곳에서 생명을 시작한 고향 친구들이야. 그리고 이 넓은 우주에서 같은 장소인 지구, 더구나 수십억 년의 긴 시간 중 같은 시간을 함께 살아가고 있다는 것이 얼마나 신기한 운명이니? 더할 수 없이 소중한 친구니까 사랑하지 않을 수 없어.

재단법인 **숲과나눔**의 다른 활동이 궁금하다면?

찾아보기

ㄱ

가든 일	112, 115
갑오징어	90
갯민숭달팽이	132
게	98
고래상어	36
고비	78
고스트 파이프피시	54
골든 고비	83
곰치	110, 114
갯민숭달팽이	130
광대어	48
귀상어떼	158

ㄴ, ㄷ

누디브랜치	130
담셀피시	48
도리드 누디브랜치	133, 134
딱총새우	78

ㄹ

라이온피시	76
롱노즈 버터플라이피시	122, 123
리본 일	110

ㅁ

만다린피시	116
만타 레이	30
만타가오리	30
맨티스 슈림프	60, 63
무리쉬 아이돌	122, 125
문어	84
미믹 옥토퍼스	84, 87

ㅂ

바다 말미잘	48
박스 크랩	98, 101
배트피시	126
버블 코럴 슈림프	97
버터플라이피시	120
범프헤드 패롯피시	161
복서 크랩	98, 101
블루링 옥토퍼스	86, 89
빅 롱노즈 버터플라이피시	122

ㅅ

새우	94
새우 고비	78
스위밍 크랩	98, 101
스콜피온피시	74
스쿨링 배너피시	122, 125
스톤피시	76
스파이니 랍스터	106
스파이니 타이거 슈림프	96
스페이드피시	128
스폿 테일 버터플라이피시	123

시그널 고비	81
씬벵이	68
쓰레셔 샤크	42

ㅇ

아네모네 슈림프	66
아네모네피시	48
아네모네피시 알	50
애오리드 누디브랜치	133, 134
앵글러피시	68
오네이트 버터플라이피시	123
오징어	90
위프 코럴 슈림프	97
원더퍼스 옥토퍼스	86, 87
웨베공 샤크	45

ㅈ

쥐가오리	30

ㅋ

코코넛 옥토퍼스	86, 89
킹크랩	102, 105

ㅍ

파트너 고비	78
페탈 아이드 스위밍 크랩	98, 101
포슬린 크랩	102, 104, 105

프로그피시	68
플램보얀트 커틀피시	92
피그미 해마	28
피스톨 슈림프	78
피콧 맨티스 슈림프	62
핑크이어 맨티스 슈림프	62, 63

ㅎ

할리메다 고스트 파이프피시	58
할리퀸 슈림프	94, 97
해마	26
허밋 크랩	102, 105
헤어리 슈림프	64
헤어리 프로그피시	71
화이트 캡 고비	82, 83
환도상어	42, 160
회초리산초 고비	83
흰동가리	48

사랑海 만타

초판 1쇄 인쇄 | 2023년 12월 10일
초판 1쇄 발행 | 2023년 12월 15일

펴낸 곳 | 나녹那碌
펴낸이 | 형난옥
기획 | 도서출판풀씨
글 · 사진 | 장재연
교열 | 정영애
사진 · 편집 | 최연하
편집 | 김보미, 강희영, 이지현
디자인 | 김혜정

등록일 | 제 300-2009-69호 2009. 06. 12
주소 | 서울시 종로구 평창21길 60번지
전화 | 02-395-1598
팩스 | 02-391-1598

ISBN | 979-11-91406-24-5(73490)

All rights reserved.
All the contents in this book are protected by copyright law.
Unlawful use and copy of these are strictly prohibited.
Any of question regarding above matter, need to contact 나녹那碌.
이 책에 수록된 콘텐츠는 저작권법에 의해 보호받는 저작물이므로 무단전재와 무단복제를 금합니다.
나녹那碌(nanoky@naver.com)으로 문의주시기 바랍니다.